Lilith Ephemeris
2000-2050

Delphine Jay

Programmed by Michael Munkasey

Copyright 2011 by Delphine Jay
All rights reserved.

No part of this book may be reproduced or transcribed in any form or by any means, electronic or mechanical, including photocopying or recording or by any information storage and retrieval system without written permission from the author and publisher, except in the case of brief quotations embodied in critical reviews and articles. Requests and inquiries may be mailed to: American Federation of Astrologers, Inc., 6535 S. Rural Road, Tempe, AZ 85283.

ISBN-10: 0-86690-613-4
ISBN-13: 978-0-86690-613-5

Programming: Michael Munkasey
Cover Design: Jack Cipolla

Published by:
American Federation of Astrologers, Inc.
6535 S. Rural Road
Tempe, AZ 85283

www.astrologers.com

Printed in the United States of America

Dedication

This book is dedicated to my son Mike Jay
for his inspiration and longstanding support.

Other Books by Delphine Jay

Interpreting Lilith
Practical Harmonics
Crossroads in Delineation

Foreword

Most astrologers, I believe, are eager to explore and research any new or re-born tool that might give helpful insight into the wonders and mysteries of horoscopic interpretation—perhaps even some subtle nuance in the personality or character that might otherwise remain hidden or overlooked. And, like myself, many of you have been aware of Lilith and its importance, and have eagerly acquired any work on the subject. There are too many correlations between Lilith's house and sign position, and personality and mundane conditions, to cross it off our list and not take it seriously as an important interpretive tool. We have used Lilith, and found that indeed it has something to tell us, both in the natus and by direction.

Even so, before we could give Lilith as much attention as we give to other recognized planets and luminaries in our interpretations, we needed more information.

We needed an in-depth work researched by a dedicated astrologer willing to devote years of time, energy and expertise to the project. We needed an astrologer with not only the patience and understanding of research but who could clearly define the results of such research in the written word. Then we also needed someone who would nourish the spark of enthusiasm for Lilith in those of us who have already seen that it has a definite influence on the individual. and also one who would kindle the investigative spark in the astrologer not yet aware of Lilith's importance in the horoscope.

Noting that Lilith appeared to have positive qualities in the natal chart, my personal quest was to find a definitive work on Lilith that would give us guidelines as to its positive or constructive use as well as the growth potentials. I have found, as have many of you, that the planets signify energies that can be positively or negatively employed. Ptolemy, in his *Tetrabiblos*, put it well:

> "... make use of the malefics to the same moderate extent as the skillful physician would use poisons in order to perform cures."

He was referring to electional charts, yet the technique is applicable to all branches of astrology. I sought a work which could help us to utilize Lilith's positive energies, while of course making us quite aware of the problems engendered through the misuse of its dynamic energy.

After many years we have found the answer in the form of Delphine Jay's most enlightening and thorough work, *Interpreting Lilith*. Yet even this was not quite enough. We needed a more accurate ephemeris on Lilith—a daily ephemeris.

Delphine again rose to the challenge with her first reference book, *Lilith Ephemeris 1900-2000*. And now, *Lilith Ephemeris, 2000-2050*.

What is so remarkable to me, is that I found the answer to my quest of Lilith in my own back yard, as it were. I had known Delphine for more than fifteen years at the time she produced the first Lilith ephemeris, and for most of those years Delphine was absorbed in her Lilith research. In fact, I began to wonder if she ever would feel ready to share her findings with us!

Our long wait was rewarded with her very interesting and definitive work, Interpreting Lilith, and her fine and very necessary *Lilith Ephemeris 2000-2050*.

As readers of Delphine's works realize, she is not an astrologer who writes quickly, albeit creatively, for the prestige of being published. Rather have I found her to be a dedicated researcher, doing what she does thoroughly and well. She also possesses that rare gift—be it with the written or spoken word—to clearly express her findings and techniques in language that anyone can understand and utilize.

We all owe Delphine Jay much in the way of sincere appreciation for her dedication over the years in bringing to us what we all need to perfect our own use of Lilith, namely this *Lilith Ephemeris 2000-2050* to go hand in hand with her most informative and thorough book, *Interpreting Lilith*.

Thank you, Delphine!

Sylvia DeLong, PMAFA

Introduction

A long and continual history of Lilith investigations has been made through the years by respected astrologers, beginning with Sepharial. These inspired pioneering efforts and insights, and the empirically consistent conclusions made and reported since 1918, worked at first to provoke our curiosity and then our dedicated interest and continuing investigation. Without it we could not have come as far as we have in our knowledge of the maturing process that Lilith influences on the mundane and emotional levels of the self, and the hallelujah chorus of inspiration it is on the otherwise impersonal levels of the mind and the creative drive we all long to express.

For those of you who have not yet investigated Lilith in the natal chart, it will prove to be a fascinating study of awakening extremes in influence that will open the natal chart to greater humanistic understanding. We give particular thanks to Ivy Goldstein Jacobson's ephemeris, without whose work in developing and publishing Lilith positions for us this author's research efforts could not have begun. Until greater exactitudes could be computed, this ephemeris served for many years as the mean standard. It proved very reliable if orbs were kept sufficiently tight in order to compensate for variations in minutes from the mean standard motion, which it represents. Prior to the daily positions given in the following pages, the ephemeris in Jacobson's *The Dark Moon Lilith in Astrology* was the forerunner for the monthly positions used in earlier research. Following that, Lois Daton, in her book *Lilith*, provided us with the positions for every ten days, with further refinements in the adjustment for leap years, giving us another valuable step forward in exactitudes.

Ivy Jacobson's source of information was the official paper by German astronomers listing Lilith's positions between 1870 and 1936, with special adjustments made that were required because of the discrepancy caused by February's variation in days, together with the additional variability caused by the satellite's erratic seconds of motion and the irregular waiting period for the next sighting. The positions were determined before 1870, back to 1860, as were the positions after 1936 projected to the year 2000, from consideration made for Lilith's otherwise regular return in 63 years, the lesser cycle, the cycle being 126 years.

The determinations of Lilith's motion had been originally calculated not only by Sepharial, for whose pioneering dynamics and incredible insight we are greatly indebted, but also by Genty, whose list of sightings was published in 1925 in the *Voile d'Isis*, and by Marcel Gama, Tamos and Tisserand, the latter contributing to the collation of the dates of observations.

From 1870 to 1923, the publishers of Raphael's ephemerides, W. Foulsham & Co., Ltd. of

London, published ephemerides not only for Lilith but for a third satellite of Earth, offering the zodiacal determinations for both. However, since the latter is being dealt with elsewhere and is not the subject of our research, we will confine ourselves to the first of these sister moons, Lilith.

At this point I would like to quote from *Raphael's Astronomical Ephemeris of the Planets' Places for 1935*: "A little while back I received through the post a most ably compiled Ephemeris of these two 'dark moons' covering the years of 1870 to 1936 inclusive, and published by W. van Breda Beausar, of 38 Meridika Lio, Bandoeng, Netherlands Indies." He says, "It would be as long ago as 1919 that I personally read the interesting work of Sepharial, in which he drew attention to the suggestions made by the German astronomer, Dr. (George) Waltemath, that are actually existed a dark, non-reflective orb in the form of a second earth moon.[1] Very significant reports of observations of this, and a second body were recorded by Dr. Alischer in 1720 (March 27) and March 15, 1721 at Fauer. By Lichtenberg and Sollnitz in 1762 (November 19th), by Hoffman in 1764 (May 3rd near Gotha, Germany), and others.[2] A consensus of the recorded observations has led to the compiling of the above referred to table of positions, and personally I am of the opinion that is fairly accurate. The thoughtful student with a critical bent will naturally ask, how comes it that if these two orbs exist our wonderfully expert and super-equipped observatories have not spotted them? That is exactly the position that I cannot answer. For fifteen years the matter has been 'an open question' in my mind, yet constantly and frequently the practical results and evidence has been such as to provide the 'missing links' and to compel my unwilling belief."

This was the answer to the question posed by the thoughtful student, from *The Moscow News* of August 6, 1966, a Russian daily printed in the English language, from an article entitled "Natural Sisters of the Moon,": "These natural Earth satellites are outside the orbits followed so far by space vehicles, but there is no doubt that as inter-planetary travel progresses these orbits will change." It is surmised that as we develop more sophisticated orbits, more will become known of these natural sisters of the Moon. This, and the following quotes are from Yuri Pskovsky, Master of Physics and Mathematics, senior research associate at the Schternberg State Astronomy Institute upon being asked to comment on press reports on the observations being carried out by U.S. astronomers on two natural satellites of the Earth other than the Moon.

To Alexander Kharkovsky, Moscow News correspondent, he said, "Soviet scientists and their colleagues abroad, keep a constant watch on the dust satellites of the Earth. They were discovered (according to the Russians) in 1961-62 by Professor Kazimierz Kordylewski, a Polish astronomer. It is exceedingly difficult to observe them through the conventional telescope. They can be (more easily) observed on moonless nights, and when they are in a position opposite the Sun and nowhere near the Milky Way. Naturally such convenient conditions do not come about often. Astronomers knew of these 'dust' accumulations near the Earth long ago.

---

[1] *The Science of Foreknowledge*. Sepharial. 1918. Page 40. W. Foulsham & Co., Ltd. London.

[2] Listings are given in *Interpreting Lilith*. Delphine Jay. 1980. American Federation of Astrologers, Inc. Tempe, Arizona.

They also knew that the Earth is, as it were, engulfed within a (cosmic) dust cloud itself. V. Moroz, a Soviet scientist, recently proved that the density of this cloud is gradually increasing. He states that the Earth adds, by its gravitational pull, some 300-400 million tons of cosmic dust to this cloud every year. A small part of it—about a million tons—falls out annually onto the surface of our planet." He goes on to say, "This dust is also the material from which the new natural satellites of the Earth are formed. Just like the Moon, they have phases, their brightness changing with their position in relation to the Sun and the observer on the Earth." The reference to these are as dust satellites that travel along the Moon's orbit, albeit further out.

Sepharial's Calculated Table of Dates when the Sun and Lilith would be in the same geocentric longitude covering the years from 1854 to 1901, proved correct to within several days of the official sightings that were reported on February 16, 1897 at Stuttgart and again at Munchen (Munich) in Germany. They coincided for the conjunctions that were predicted by Dr, Waltemath for early February and the end of July in 1898. For the tables and the particulars of the basis from which it was devised the author suggests reference to *The Science of Foreknowledge*.

Knowledge of the satellite to astronomers, later to be named Lilith by Sepharial, dates back as far as September 2, 1618, when the Italian astronomer Riccioli reported observation of the dark body in its approach to opposition and recorded the observation in Almagestum Novum, Volume ii, p. 16. On November 7th, 1700, it was sighted at Montpellier by Maraldi and Cassini and recorded in 1701 in Memoires de l'Academie in France.

The following are later-recorded dates of observations of Lilith's conjunction with the Sun, as sightings were primarily made on the dates when the dark body transited over the solar face, or was traveling at or near opposition.

- December 23,1719 in Hungary, five days before opposition.
- June 29, 1735 by the Rev. Ziegler at Gotha, Germany three days prior to opposition. The information and painted impression were published by Ziegler.
- June 6, 1761 at St. Neots, Huntingdonshire, England. Published in the *London Chronicle*. The same day also reported by Scheuten at Onfeld.
- November 19, 1762 by Lichtenberg and Sollnitz near Erlangen, Germany.
- March 25, 1784, by Superintendent Fritzsch, at Quedlinburg, Germany. Reported in *Bode's Astron. Alk.* in 1805.
- October 10, 1802. Anonymous.
- January 16, 1818. Capel Lofft at Ipswich. October 20, 1839, in Rome by Decuppis.
- June 11,1855 by Dr. Ritter of Hanover, Germany. Spotted near Naples. The round black body was seen crossing the Sun's disc from west to east.
- September 4, 1879 by Gowey at North Lewisburg, Ohio. Recorded in *Monthly Weather Review of the United States*. U.S. Weather Bureau, Washington, D.C.
- October 24, 1881.
- February 16, 1897 at Munich and at Stuttgart in Germany from 8:45 a.m. until 12:45 p.m.

- February 4, 1898 at Wiesbaden, Germany at 8:15 a.m. by Dr. Georges Waltemath, and a second time at Griefwald at 1:30 a.m. by Ziegler again as one in a group of twelve qualified observers.

The particular sighting upon which Sepharial opened this new ground to the astrological world was based on Dr. Waltemath's report of Lilith's sighting on January 1, 1898 at 215° of longitude (or 5° Scorpio). The sighting was officially documented by German astronomer Waltemath of Hamburg on January 22, 1898 in which the location of the orbit of the second satellite of Earth was given. It was published in *The Globe* on February 7 of that year. Sepharial also opened this new ground with the conclusions as to the manner from which to begin compiling an approximate ephemeris, from which we had since begun observations of Lilith in natal charts.

Most of the observers described it as a round black or dark body when seen at conjunction with the Sun, and as a reddish or fiery globe in its approach to opposition of the Sun. Based upon Berlin Local Mean Time, the elements of the new satellite given by Dr. Waltemath were:

- Approximate daily motion: 3 degrees.
- Synodic revolution: 177 days.
- Equatorial radius of the Earth in distance: 161 radii, 700 kilometers (approximately 435 miles) in diameter.

Lilith is 1/80th in mass as compared with the Earth. It is almost three times again as far from the Earth as is our Moon, but only one quarter the size of the Moon and moving only one quarter as quickly. Lilith orbits the Earth every 119 days, or approximately ten days per zodiacal sign, which in our transit research on Lilith has proved extremely valid.

The scholarly efforts with which Sepharial supported the existence of yet this second moon of Earth cannot be taken lightly when we appreciate the further discovery he anticipated: a major planet beyond Neptune, that would be essentially martial in nature but infinitely more powerful and subtle, even to the probable name—Pluto. Until this astronomical coup occurred, there had been continual searches for and observation of Lilith, particularly in Ultrecht, Holland, where a special bureau had been established solely for its astronomical observation (Palembangstraat 4).

Without the findings of the past the subject might still be in limbo, having been transcended in awareness by the discovery of Pluto in 1930. So major a breakthrough in astronomy abruptly switched European observations of Lilith to the awesome potential of the intriguing new trans-Neptunian planet. However, in recent times, reports of serious renewed interest by the Russians of our dark satellite appear to indicate growing desire to continue the sky searches of the area surrounding the Earth beyond our known Moon for, as Pskovsky says, "... man's interest in what he might encounter on space routes."

Several decades before the turn of the century (1879), the United States Weather Bureau had officially recognized Lilith as an asteroid or minor planet. In Nicholas Devore's *Encyclopedia of Astrology*, Lilith is referred to as a name sometimes given to asteroid No. 1181, a minor planet of magnitude 14. In 1969 an English publication, *The New Scientist*, reported on the findings of the American scientist Dr. John Bagby who stated that several natural satellites circle Earth in calculated orbits, two of which were later photographed in their projected travel from these calculations.

The third satellite of Earth or second dark moon referred to also by the Soviets and considered with given positions in the Raphael ephemerides from 1870 to 1923, had also been observed by Dr. Waltemath. However, not as much was known of its elements as was known of Lilith. Since it is not the object of this work, reference to the aforementioned work by Sepharial is suggested to those who have interest in knowing more about this area of discovery.

In all reports Lilith is consistently referred to as a dense "cloud or dust-like body" seen only against the backdrop of the Sun or in its approach to opposition. How fitting the name "Lilith" for the first of these sister moons, which means dust-cloud, as also is one of its legendary names "owl," the night bird who remains in the shadows—as the influence of Lilith remains in the shadows of human nature beyond the emotional stimuli of our first moon, Luna. Sepharial named Lilith after Adam's first wife before his eating of the proverbial apple (entry into mortal consciousness), to be then banished from paradise to embrace also within himself the material/emotional state.

As opposed to Lilith, the reflective moon Luna (Eve) indicates mortal woman; primal emotion and response; the maternal instinct relevant in both genders; and mortal propagation. Whereas our nonreflective satellite Lilith, indicates instinctive thinking, and thus impersonal response (woman emancipating from traditional roles); the creative imagination and thus esthetic or vocational response; and the ultimate ability to depersonalize, or in other words, to forget about ourselves as opposed to the emotionally personalized state of Luna where personalities involvement can obscure dispassionate logic and growth. As Moons, both represent the instinctive, but for different levels in our nature.

In *Interpreting Lilith*, there are clear explanations of Lilith through the signs; houses; aspecting the planets; and the specifics of Lilith's heretofore unexplained but definite growth influence in our lives. Facts, rulerships and keywords are given so you can investigate for yourself this longstanding natal influence that deals with the process of emotional maturation that is inherent in our nature by which to further develop control of our own lives, and to finally understand the mechanics of this uplifting process.

Particular thanks is given to the University of Illinois library for their most helpful research in assisting us to locate the 1966 information on our second satellite from the *Moscow News*.

Delphine Jay

2000 (Midnight GMT)

Day	January	February	March	April	May	June
01	28 Ari 31	29 Can 42	25 Lib 60	02 Aqu 06	03 Tau 50	04 Leo 54
02	01 Tau 31	02 Leo 37	29 Lib 02	05 Aqu 13	06 Tau 49	07 Leo 49
03	04 Tau 30	05 Leo 33	02 Sco 06	08 Aqu 20	09 Tau 47	10 Leo 45
04	07 Tau 28	08 Leo 29	05 Sco 09	11 Aqu 27	12 Tau 45	13 Leo 41
05	10 Tau 27	11 Leo 25	08 Sco 13	14 Aqu 33	15 Tau 43	16 Leo 37
06	13 Tau 25	14 Leo 21	11 Sco 17	17 Aqu 39	18 Tau 41	19 Leo 34
07	16 Tau 23	17 Leo 17	14 Sco 21	20 Aqu 46	21 Tau 39	22 Leo 30
08	19 Tau 21	20 Leo 13	17 Sco 26	23 Aqu 51	24 Tau 36	25 Leo 27
09	22 Tau 18	23 Leo 10	20 Sco 31	26 Aqu 57	27 Tau 33	28 Leo 24
10	25 Tau 16	26 Leo 07	23 Sco 36	00 Psc 03	00 Gem 30	01 Vir 21
11	28 Tau 13	29 Leo 04	26 Sco 42	03 Psc 08	03 Gem 27	04 Vir 19
12	01 Gem 09	02 Vir 01	29 Sco 47	06 Psc 13	06 Gem 23	07 Vir 17
13	04 Gem 06	04 Vir 58	02 Sag 53	09 Psc 17	09 Gem 19	10 Vir 14
14	07 Gem 02	07 Vir 56	05 Sag 59	12 Psc 22	12 Gem 15	13 Vir 13
15	09 Gem 59	10 Vir 54	09 Sag 05	15 Psc 26	15 Gem 11	16 Vir 11
16	12 Gem 55	13 Vir 52	12 Sag 12	18 Psc 30	18 Gem 07	19 Vir 10
17	15 Gem 51	16 Vir 51	15 Sag 18	21 Psc 33	21 Gem 03	22 Vir 09
18	18 Gem 46	19 Vir 50	18 Sag 25	24 Psc 36	23 Gem 58	25 Vir 08
19	21 Gem 42	22 Vir 49	21 Sag 32	27 Psc 39	26 Gem 54	28 Vir 08
20	24 Gem 38	25 Vir 48	24 Sag 39	00 Ari 42	29 Gem 49	01 Lib 08
21	27 Gem 33	28 Vir 48	27 Sag 46	03 Ari 44	02 Can 45	04 Lib 08
22	00 Can 28	01 Lib 48	00 Cap 54	06 Ari 46	05 Can 40	07 Lib 09
23	03 Can 24	04 Lib 48	04 Cap 01	09 Ari 48	08 Can 35	10 Lib 10
24	06 Can 19	07 Lib 49	07 Cap 08	12 Ari 49	11 Can 30	13 Lib 11
25	09 Can 14	10 Lib 50	10 Cap 15	15 Ari 50	14 Can 26	16 Lib 12
26	12 Can 10	13 Lib 51	13 Cap 23	18 Ari 51	17 Can 21	19 Lib 14
27	15 Can 05	16 Lib 53	16 Cap 30	21 Ari 51	20 Can 16	22 Lib 16
28	18 Can 00	19 Lib 55	19 Cap 38	24 Ari 51	23 Can 12	25 Lib 19
29	20 Can 55	22 Lib 57	22 Cap 45	27 Ari 51	26 Can 07	28 Lib 22
30	23 Can 51		25 Cap 52	00 Tau 51	29 Can 02	01 Sco 25
31	26 Can 46		28 Cap 59		01 Leo 58	

2000 (Midnight GMT)

Day	July	August	September	October	November	December
01	04 Sco 28	10 Aqu 45	15 Tau 04	13 Leo 02	16 Sco 04	19 Aqu 22
02	07 Sco 32	13 Aqu 51	18 Tau 02	15 Leo 58	19 Sco 08	22 Aqu 28
03	10 Sco 36	16 Aqu 58	20 Tau 59	18 Leo 54	22 Sco 13	25 Aqu 34
04	13 Sco 40	20 Aqu 04	23 Tau 56	21 Leo 51	25 Sco 19	28 Aqu 40
05	16 Sco 45	23 Aqu 10	26 Tau 54	24 Leo 48	28 Sco 24	01 Psc 45
06	19 Sco 50	26 Aqu 16	29 Tau 50	27 Leo 45	01 Sag 30	04 Psc 50
07	22 Sco 55	29 Aqu 21	02 Gem 47	00 Vir 42	04 Sag 36	07 Psc 55
08	26 Sco 00	02 Psc 26	05 Gem 44	03 Vir 39	07 Sag 42	10 Psc 59
09	29 Sco 06	05 Psc 31	08 Gem 40	06 Vir 37	10 Sag 49	14 Psc 04
10	02 Sag 12	08 Psc 36	11 Gem 36	09 Vir 35	13 Sag 55	17 Psc 08
11	05 Sag 18	11 Psc 41	14 Gem 32	12 Vir 33	17 Sag 02	20 Psc 11
12	08 Sag 24	14 Psc 45	17 Gem 28	15 Vir 31	20 Sag 09	23 Psc 15
13	11 Sag 30	17 Psc 49	20 Gem 24	18 Vir 30	23 Sag 16	26 Psc 18
14	14 Sag 37	20 Psc 52	23 Gem 19	21 Vir 29	26 Sag 23	29 Psc 20
15	17 Sag 44	23 Psc 56	26 Gem 15	24 Vir 28	29 Sag 30	02 Ari 23
16	20 Sag 50	26 Psc 59	29 Gem 10	27 Vir 28	02 Cap 37	05 Ari 25
17	23 Sag 57	00 Ari 01	02 Can 06	00 Lib 28	05 Cap 44	08 Ari 27
18	27 Sag 05	03 Ari 04	05 Can 01	03 Lib 28	08 Cap 52	11 Ari 28
19	00 Cap 12	06 Ari 06	07 Can 56	06 Lib 28	11 Cap 59	14 Ari 29
20	03 Cap 19	09 Ari 07	10 Can 51	09 Lib 29	15 Cap 07	17 Ari 30
21	06 Cap 26	12 Ari 09	13 Can 47	12 Lib 30	18 Cap 14	20 Ari 31
22	09 Cap 34	15 Ari 10	16 Can 42	15 Lib 32	21 Cap 21	23 Ari 31
23	12 Cap 41	18 Ari 11	19 Can 37	18 Lib 34	24 Cap 28	26 Ari 31
24	15 Cap 48	21 Ari 11	22 Can 32	21 Lib 36	27 Cap 36	29 Ari 30
25	18 Cap 56	24 Ari 11	25 Can 28	24 Lib 38	00 Aqu 43	02 Tau 30
26	22 Cap 03	27 Ari 11	28 Can 23	27 Lib 41	03 Aqu 50	05 Tau 29
27	25 Cap 10	00 Tau 10	01 Leo 19	00 Sco 44	06 Aqu 57	08 Tau 27
28	28 Cap 17	03 Tau 10	04 Leo 14	03 Sco 47	10 Aqu 03	11 Tau 26
29	01 Aqu 24	06 Tau 09	07 Leo 10	06 Sco 51	13 Aqu 10	14 Tau 24
30	04 Aqu 31	09 Tau 07	10 Leo 06	09 Sco 55	16 Aqu 16	17 Tau 22
31	07 Aqu 38	12 Tau 06		12 Sco 59		20 Tau 20

2001 (Midnight GMT)

Day	January	February	March	April	May	June
01	23 Tau 17	24 Leo 08	18 Sco 27	24 Aqu 53	25 Tau 35	26 Leo 26
02	26 Tau 14	27 Leo 05	21 Sco 32	27 Aqu 58	28 Tau 31	29 Leo 23
03	29 Tau 11	00 Vir 02	24 Sco 37	01 Psc 04	01 Gem 28	02 Vir 20
04	02 Gem 08	02 Vir 60	27 Sco 43	04 Psc 09	04 Gem 25	05 Vir 17
05	05 Gem 04	05 Vir 57	00 Sag 49	07 Psc 14	07 Gem 21	08 Vir 15
06	08 Gem 01	08 Vir 55	03 Sag 54	10 Psc 18	10 Gem 17	11 Vir 13
07	10 Gem 57	11 Vir 53	07 Sag 01	13 Psc 23	13 Gem 13	14 Vir 12
08	13 Gem 53	14 Vir 51	10 Sag 07	16 Psc 27	16 Gem 09	17 Vir 10
09	16 Gem 49	17 Vir 50	13 Sag 13	19 Psc 30	19 Gem 05	20 Vir 09
10	19 Gem 44	20 Vir 49	16 Sag 20	22 Psc 34	22 Gem 01	23 Vir 08
11	22 Gem 40	23 Vir 48	19 Sag 27	25 Psc 37	24 Gem 56	26 Vir 08
12	25 Gem 36	26 Vir 48	22 Sag 34	28 Psc 40	27 Gem 52	29 Vir 07
13	28 Gem 31	29 Vir 47	25 Sag 41	01 Ari 42	00 Can 47	02 Lib 07
14	01 Can 26	02 Lib 48	28 Sag 48	04 Ari 44	03 Can 43	05 Lib 08
15	04 Can 22	05 Lib 48	01 Cap 55	07 Ari 46	06 Can 38	08 Lib 08
16	07 Can 17	08 Lib 49	05 Cap 03	10 Ari 48	09 Can 33	11 Lib 09
17	10 Can 12	11 Lib 50	08 Cap 10	13 Ari 49	12 Can 28	14 Lib 11
18	13 Can 07	14 Lib 51	11 Cap 17	16 Ari 50	15 Can 24	17 Lib 12
19	16 Can 03	17 Lib 53	14 Cap 25	19 Ari 50	18 Can 19	20 Lib 14
20	18 Can 58	20 Lib 55	17 Cap 32	22 Ari 51	21 Can 14	23 Lib 17
21	21 Can 53	23 Lib 57	20 Cap 39	25 Ari 51	24 Can 09	26 Lib 19
22	24 Can 49	26 Lib 60	23 Cap 47	28 Ari 50	27 Can 05	29 Lib 22
23	27 Can 44	00 Sco 03	26 Cap 54	01 Tau 50	00 Leo 00	02 Sco 25
24	00 Leo 40	03 Sco 06	00 Aqu 01	04 Tau 49	02 Leo 56	05 Sco 29
25	03 Leo 35	06 Sco 10	03 Aqu 08	07 Tau 48	05 Leo 52	08 Sco 33
26	06 Leo 31	09 Sco 14	06 Aqu 15	10 Tau 46	08 Leo 47	11 Sco 37
27	09 Leo 27	12 Sco 18	09 Aqu 22	13 Tau 44	11 Leo 43	14 Sco 41
28	12 Leo 23	15 Sco 22	12 Aqu 28	16 Tau 42	14 Leo 39	17 Sco 46
29	15 Leo 19		15 Aqu 35	19 Tau 40	17 Leo 36	20 Sco 51
30	18 Leo 15		18 Aqu 41	22 Tau 37	20 Leo 32	23 Sco 56
31	21 Leo 12		21 Aqu 47		23 Leo 29	

3

2001 (Midnight GMT)

Day	July	August	September	October	November	December
01	27 Sco 01	03 Psc 28	06 Gem 42	04 Vir 38	08 Sag 44	12 Psc 00
02	00 Sag 07	06 Psc 32	09 Gem 38	07 Vir 36	11 Sag 50	15 Psc 04
03	03 Sag 13	09 Psc 37	12 Gem 34	10 Vir 33	14 Sag 57	18 Psc 08
04	06 Sag 19	12 Psc 41	15 Gem 30	13 Vir 32	18 Sag 04	21 Psc 12
05	09 Sag 25	15 Psc 46	18 Gem 26	16 Vir 30	21 Sag 10	24 Psc 15
06	12 Sag 32	18 Psc 49	21 Gem 22	19 Vir 29	24 Sag 17	27 Psc 18
07	15 Sag 38	21 Psc 53	24 Gem 17	22 Vir 28	27 Sag 25	00 Ari 21
08	18 Sag 45	24 Psc 56	27 Gem 13	25 Vir 27	00 Cap 32	03 Ari 23
09	21 Sag 52	27 Psc 59	00 Can 08	28 Vir 27	03 Cap 39	06 Ari 25
10	24 Sag 59	01 Ari 01	03 Can 03	01 Lib 27	06 Cap 46	09 Ari 27
11	28 Sag 06	04 Ari 04	05 Can 59	04 Lib 27	09 Cap 54	12 Ari 28
12	01 Cap 14	07 Ari 06	08 Can 54	07 Lib 28	13 Cap 01	15 Ari 29
13	04 Cap 21	10 Ari 07	11 Can 49	10 Lib 29	16 Cap 08	18 Ari 30
14	07 Cap 28	13 Ari 09	14 Can 44	13 Lib 30	19 Cap 16	21 Ari 30
15	10 Cap 36	16 Ari 10	17 Can 40	16 Lib 32	22 Cap 23	24 Ari 30
16	13 Cap 43	19 Ari 10	20 Can 35	19 Lib 34	25 Cap 30	27 Ari 30
17	16 Cap 50	22 Ari 11	23 Can 30	22 Lib 36	28 Cap 37	00 Tau 30
18	19 Cap 58	25 Ari 11	26 Can 26	25 Lib 38	01 Aqu 44	03 Tau 29
19	23 Cap 05	28 Ari 10	29 Can 21	28 Lib 41	04 Aqu 51	06 Tau 28
20	26 Cap 12	01 Tau 10	02 Leo 17	01 Sco 44	07 Aqu 58	09 Tau 26
21	29 Cap 19	04 Tau 09	05 Leo 12	04 Sco 48	11 Aqu 05	12 Tau 25
22	02 Aqu 26	07 Tau 08	08 Leo 08	07 Sco 52	14 Aqu 11	15 Tau 23
23	05 Aqu 33	10 Tau 06	11 Leo 04	10 Sco 56	17 Aqu 18	18 Tau 21
24	08 Aqu 40	13 Tau 04	14 Leo 00	13 Sco 60	20 Aqu 24	21 Tau 18
25	11 Aqu 47	16 Tau 02	16 Leo 56	17 Sco 05	23 Aqu 30	24 Tau 15
26	14 Aqu 53	19 Tau 00	19 Leo 53	20 Sco 09	26 Aqu 35	27 Tau 12
27	17 Aqu 59	21 Tau 58	22 Leo 49	23 Sco 15	29 Aqu 41	00 Gem 09
28	21 Aqu 05	24 Tau 55	25 Leo 46	26 Sco 20	02 Psc 46	03 Gem 06
29	24 Aqu 11	27 Tau 52	28 Leo 43	29 Sco 26	05 Psc 51	06 Gem 02
30	27 Aqu 17	00 Gem 49	01 Vir 40	02 Sag 31	08 Psc 56	08 Gem 59
31	00 Psc 22	03 Gem 45		05 Sag 37		11 Gem 55

2002 (Midnight GMT)

Day	January	February	March	April	May	June
01	14 Gem 51	15 Vir 50	11 Sag 08	17 Psc 27	17 Gem 07	18 Vir 09
02	17 Gem 47	18 Vir 49	14 Sag 15	20 Psc 31	20 Gem 03	21 Vir 08
03	20 Gem 42	21 Vir 48	17 Sag 22	23 Psc 34	22 Gem 59	24 Vir 07
04	23 Gem 38	24 Vir 47	20 Sag 29	26 Psc 37	25 Gem 54	27 Vir 07
05	26 Gem 33	27 Vir 47	23 Sag 36	29 Psc 40	28 Gem 50	00 Lib 07
06	29 Gem 29	00 Lib 47	26 Sag 43	02 Ari 42	01 Can 45	03 Lib 07
07	02 Can 24	03 Lib 47	29 Sag 50	05 Ari 44	04 Can 40	06 Lib 07
08	05 Can 20	06 Lib 48	02 Cap 57	08 Ari 46	07 Can 36	09 Lib 08
09	08 Can 15	09 Lib 48	06 Cap 04	11 Ari 48	10 Can 31	12 Lib 09
10	11 Can 10	12 Lib 50	09 Cap 12	14 Ari 49	13 Can 26	15 Lib 11
11	14 Can 05	15 Lib 51	12 Cap 19	17 Ari 50	16 Can 21	18 Lib 12
12	17 Can 01	18 Lib 53	15 Cap 27	20 Ari 50	19 Can 17	21 Lib 14
13	19 Can 56	21 Lib 55	18 Cap 34	23 Ari 50	22 Can 12	24 Lib 17
14	22 Can 51	24 Lib 58	21 Cap 41	26 Ari 50	25 Can 07	27 Lib 19
15	25 Can 46	28 Lib 00	24 Cap 48	29 Ari 50	28 Can 03	00 Sco 23
16	28 Can 42	01 Sco 03	27 Cap 56	02 Tau 49	00 Leo 58	03 Sco 26
17	01 Leo 37	04 Sco 07	01 Aqu 03	05 Tau 48	03 Leo 54	06 Sco 29
18	04 Leo 33	07 Sco 10	04 Aqu 10	08 Tau 46	06 Leo 50	09 Sco 33
19	07 Leo 29	10 Sco 14	07 Aqu 16	11 Tau 45	09 Leo 45	12 Sco 38
20	10 Leo 25	13 Sco 19	10 Aqu 23	14 Tau 43	12 Leo 41	15 Sco 42
21	13 Leo 21	16 Sco 23	13 Aqu 30	17 Tau 41	15 Leo 38	18 Sco 47
22	16 Leo 17	19 Sco 28	16 Aqu 36	20 Tau 38	18 Leo 34	21 Sco 52
23	19 Leo 13	22 Sco 33	19 Aqu 42	23 Tau 36	21 Leo 30	24 Sco 57
24	22 Leo 10	25 Sco 38	22 Aqu 48	26 Tau 33	24 Leo 27	28 Sco 03
25	25 Leo 07	28 Sco 44	25 Aqu 54	29 Tau 30	27 Leo 24	01 Sag 08
26	28 Leo 04	01 Sag 50	28 Aqu 60	02 Gem 27	00 Vir 21	04 Sag 14
27	01 Vir 01	04 Sag 56	02 Psc 05	05 Gem 23	03 Vir 19	07 Sag 20
28	03 Vir 58	08 Sag 02	05 Psc 10	08 Gem 19	06 Vir 16	10 Sag 27
29	06 Vir 56		08 Psc 15	11 Gem 16	09 Vir 14	13 Sag 33
30	09 Vir 54		11 Psc 19	14 Gem 12	12 Vir 12	16 Sag 40
31	12 Vir 52		14 Psc 23		15 Vir 10	

2002 (Midnight GMT)

Day	July	August	September	October	November	December
01	19 Sag 47	25 Psc 56	28 Gem 11	26 Vir 27	01 Cap 34	04 Ari 23
02	22 Sag 54	28 Psc 59	01 Can 06	29 Vir 26	04 Cap 41	07 Ari 25
03	26 Sag 01	02 Ari 02	04 Can 01	02 Lib 27	07 Cap 48	10 Ari 27
04	29 Sag 08	05 Ari 04	06 Can 57	05 Lib 27	10 Cap 56	13 Ari 28
05	02 Cap 15	08 Ari 06	09 Can 52	08 Lib 28	14 Cap 03	16 Ari 29
06	05 Cap 23	11 Ari 07	12 Can 47	11 Lib 29	17 Cap 10	19 Ari 29
07	08 Cap 30	14 Ari 08	15 Can 42	14 Lib 30	20 Cap 18	22 Ari 30
08	11 Cap 37	17 Ari 09	18 Can 38	17 Lib 32	23 Cap 25	25 Ari 30
09	14 Cap 45	20 Ari 10	21 Can 33	20 Lib 34	26 Cap 32	28 Ari 29
10	17 Cap 52	23 Ari 10	24 Can 28	23 Lib 36	29 Cap 39	01 Tau 29
11	20 Cap 59	26 Ari 10	27 Can 24	26 Lib 39	02 Aqu 46	04 Tau 28
12	24 Cap 07	29 Ari 10	00 Leo 19	29 Lib 42	05 Aqu 53	07 Tau 27
13	27 Cap 14	02 Tau 09	03 Leo 15	02 Sco 45	08 Aqu 60	10 Tau 25
14	00 Aqu 21	05 Tau 08	06 Leo 10	05 Sco 48	12 Aqu 06	13 Tau 23
15	03 Aqu 28	08 Tau 07	09 Leo 06	08 Sco 52	15 Aqu 13	16 Tau 21
16	06 Aqu 35	11 Tau 05	12 Leo 02	11 Sco 56	18 Aqu 19	19 Tau 19
17	09 Aqu 42	14 Tau 03	14 Leo 58	15 Sco 01	21 Aqu 25	22 Tau 17
18	12 Aqu 48	17 Tau 01	17 Leo 55	18 Sco 05	24 Aqu 31	25 Tau 14
19	15 Aqu 54	19 Tau 59	20 Leo 51	21 Sco 10	27 Aqu 37	28 Tau 11
20	19 Aqu 01	22 Tau 56	23 Leo 48	24 Sco 16	00 Psc 42	01 Gem 08
21	22 Aqu 07	25 Tau 53	26 Leo 45	27 Sco 21	03 Psc 47	04 Gem 04
22	25 Aqu 13	28 Tau 50	29 Leo 42	00 Sag 27	06 Psc 52	07 Gem 01
23	28 Aqu 18	01 Gem 47	02 Vir 39	03 Sag 33	09 Psc 57	09 Gem 57
24	01 Psc 23	04 Gem 44	05 Vir 36	06 Sag 39	13 Psc 01	12 Gem 53
25	04 Psc 29	07 Gem 40	08 Vir 34	09 Sag 45	16 Psc 05	15 Gem 49
26	07 Psc 33	10 Gem 36	11 Vir 32	12 Sag 52	19 Psc 09	18 Gem 45
27	10 Psc 38	13 Gem 32	14 Vir 31	15 Sag 58	22 Psc 12	21 Gem 40
28	13 Psc 42	16 Gem 28	17 Vir 29	19 Sag 05	25 Psc 16	24 Gem 36
29	16 Psc 46	19 Gem 24	20 Vir 28	22 Sag 12	28 Psc 18	27 Gem 31
30	19 Psc 50	22 Gem 20	23 Vir 27	25 Sag 19	01 Ari 21	00 Can 27
31	22 Psc 53	25 Gem 15		28 Sag 26		03 Can 22

2003 (Midnight GMT)

Day	January	February	March	April	May	June
01	06 Can 17	07 Lib 47	03 Cap 59	09 Ari 46	08 Can 34	10 Lib 08
02	09 Can 13	10 Lib 48	07 Cap 06	12 Ari 47	11 Can 29	13 Lib 09
03	12 Can 08	13 Lib 50	10 Cap 14	15 Ari 48	14 Can 24	16 Lib 11
04	15 Can 03	16 Lib 51	13 Cap 21	18 Ari 49	17 Can 19	19 Lib 12
05	17 Can 58	19 Lib 53	16 Cap 28	21 Ari 50	20 Can 15	22 Lib 15
06	20 Can 54	22 Lib 55	19 Cap 36	24 Ari 50	23 Can 10	25 Lib 17
07	23 Can 49	25 Lib 58	22 Cap 43	27 Ari 49	26 Can 05	28 Lib 20
08	26 Can 44	29 Lib 01	25 Cap 50	00 Tau 49	29 Can 01	01 Sco 28
09	29 Can 40	02 Sco 04	28 Cap 57	03 Tau 48	01 Leo 56	04 Sco 26
10	02 Leo 35	05 Sco 07	02 Aqu 04	06 Tau 47	04 Leo 52	07 Sco 30
11	05 Leo 31	08 Sco 11	05 Aqu 11	09 Tau 45	07 Leo 48	10 Sco 34
12	08 Leo 27	11 Sco 15	08 Aqu 18	12 Tau 44	10 Leo 44	13 Sco 38
13	11 Leo 23	14 Sco 20	11 Aqu 25	15 Tau 42	13 Leo 40	16 Sco 43
14	14 Leo 19	17 Sco 24	14 Aqu 31	18 Tau 39	16 Leo 36	19 Sco 48
15	17 Leo 15	20 Sco 29	17 Aqu 38	21 Tau 37	19 Leo 32	22 Sco 53
16	20 Leo 12	23 Sco 34	20 Aqu 44	24 Tau 34	22 Leo 29	25 Sco 58
17	23 Leo 08	26 Sco 40	23 Aqu 50	27 Tau 31	25 Leo 25	29 Sco 04
18	26 Leo 05	29 Sco 45	26 Aqu 55	00 Gem 28	28 Leo 22	02 Sag 10
19	29 Leo 02	02 Sag 51	00 Psc 01	03 Gem 25	01 Vir 20	05 Sag 16
20	01 Vir 59	05 Sag 57	03 Psc 06	06 Gem 21	04 Vir 17	08 Sag 22
21	04 Vir 57	09 Sag 04	06 Psc 11	09 Gem 18	07 Vir 15	11 Sag 28
22	07 Vir 54	12 Sag 10	09 Psc 16	12 Gem 14	10 Vir 13	14 Sag 35
23	10 Vir 52	15 Sag 17	12 Psc 20	15 Gem 10	13 Vir 11	17 Sag 42
24	13 Vir 51	18 Sag 23	15 Psc 24	18 Gem 05	16 Vir 09	20 Sag 49
25	16 Vir 49	21 Sag 30	18 Psc 28	21 Gem 01	19 Vir 08	23 Sag 56
26	19 Vir 48	24 Sag 37	21 Psc 31	23 Gem 57	22 Vir 07	27 Sag 03
27	22 Vir 47	27 Sag 45	24 Psc 35	26 Gem 52	25 Vir 07	00 Cap 10
28	25 Vir 47	00 Cap 52	27 Psc 38	29 Gem 48	28 Vir 06	03 Cap 17
29	28 Vir 46		00 Ari 40	02 Can 43	01 Lib 06	06 Cap 24
30	01 Lib 46		03 Ari 42	05 Can 38	04 Lib 06	09 Cap 32
31	04 Lib 47		06 Ari 44		07 Lib 07	

7

2003 (Midnight GMT)

Day	July	August	September	October	November	December
01	12 Cap 39	18 Ari 09	19 Can 35	18 Lib 32	24 Cap 27	26 Ari 29
02	15 Cap 47	21 Ari 09	22 Can 31	21 Lib 34	27 Cap 34	29 Ari 29
03	18 Cap 54	24 Ari 09	25 Can 26	24 Lib 36	00 Aqu 41	02 Tau 28
04	22 Cap 01	27 Ari 09	28 Can 21	27 Lib 39	03 Aqu 48	05 Tau 27
05	25 Cap 08	00 Tau 09	01 Leo 17	00 Sco 42	06 Aqu 55	08 Tau 26
06	28 Cap 16	03 Tau 08	04 Leo 13	03 Sco 45	10 Aqu 01	11 Tau 24
07	01 Aqu 23	06 Tau 07	07 Leo 08	06 Sco 49	13 Aqu 08	14 Tau 22
08	04 Aqu 30	09 Tau 06	10 Leo 04	09 Sco 53	16 Aqu 14	17 Tau 20
09	07 Aqu 36	12 Tau 04	13 Leo 00	12 Sco 57	19 Aqu 21	20 Tau 18
10	10 Aqu 43	15 Tau 02	15 Leo 56	16 Sco 02	22 Aqu 27	23 Tau 15
11	13 Aqu 50	17 Tau 60	18 Leo 53	19 Sco 07	25 Aqu 32	26 Tau 12
12	16 Aqu 56	20 Tau 57	21 Leo 49	22 Sco 12	28 Aqu 38	29 Tau 09
13	20 Aqu 02	23 Tau 55	24 Leo 46	25 Sco 17	01 Psc 43	02 Gem 06
14	23 Aqu 08	26 Tau 52	27 Leo 43	28 Sco 22	04 Psc 48	05 Gem 03
15	26 Aqu 14	29 Tau 49	00 Vir 40	01 Sag 28	07 Psc 53	07 Gem 59
16	29 Aqu 19	02 Gem 45	03 Vir 37	04 Sag 34	10 Psc 58	10 Gem 55
17	02 Psc 25	05 Gem 42	06 Vir 35	07 Sag 40	14 Psc 02	13 Gem 51
18	05 Psc 30	08 Gem 38	09 Vir 33	10 Sag 47	17 Psc 06	16 Gem 47
19	08 Psc 34	11 Gem 34	12 Vir 31	13 Sag 53	20 Psc 10	19 Gem 43
20	11 Psc 39	14 Gem 30	15 Vir 30	17 Sag 00	23 Psc 13	22 Gem 38
21	14 Psc 43	17 Gem 26	18 Vir 28	20 Sag 07	26 Psc 16	25 Gem 34
22	17 Psc 47	20 Gem 22	21 Vir 27	23 Sag 14	29 Psc 19	28 Gem 29
23	20 Psc 51	23 Gem 18	24 Vir 26	26 Sag 21	02 Ari 21	01 Can 25
24	23 Psc 54	26 Gem 13	27 Vir 26	29 Sag 28	05 Ari 23	04 Can 20
25	26 Psc 57	29 Gem 08	00 Lib 26	02 Cap 35	08 Ari 25	07 Can 15
26	29 Psc 59	02 Can 04	03 Lib 26	05 Cap 43	11 Ari 26	10 Can 10
27	03 Ari 02	04 Can 59	06 Lib 27	08 Cap 50	14 Ari 28	13 Can 06
28	06 Ari 04	07 Can 54	09 Lib 27	11 Cap 57	17 Ari 28	16 Can 01
29	09 Ari 06	10 Can 50	12 Lib 29	15 Cap 05	20 Ari 29	18 Can 56
30	12 Ari 07	13 Can 45	15 Lib 30	18 Cap 12	23 Ari 29	21 Can 52
31	15 Ari 08	16 Can 40		21 Cap 19		24 Can 47

2004 (Midnight GMT)

Day	January	February	March	April	May	June
01	27 Can 42	00 Sco 01	29 Cap 59	04 Tau 47	02 Leo 54	05 Sco 27
02	00 Leo 38	03 Sco 04	03 Aqu 06	07 Tau 46	05 Leo 50	08 Sco 31
03	03 Leo 33	06 Sco 08	06 Aqu 13	10 Tau 44	08 Leo 46	11 Sco 35
04	06 Leo 29	09 Sco 12	09 Aqu 20	13 Tau 42	11 Leo 42	14 Sco 39
05	09 Leo 25	12 Sco 16	12 Aqu 26	16 Tau 40	14 Leo 38	17 Sco 44
06	12 Leo 21	15 Sco 21	15 Aqu 33	19 Tau 38	17 Leo 34	20 Sco 49
07	15 Leo 17	18 Sco 25	18 Aqu 39	22 Tau 36	20 Leo 30	23 Sco 54
08	18 Leo 13	21 Sco 30	21 Aqu 45	25 Tau 33	23 Leo 27	26 Sco 60
09	21 Leo 10	24 Sco 35	24 Aqu 51	28 Tau 30	26 Leo 24	00 Sag 05
10	24 Leo 07	27 Sco 41	27 Aqu 57	01 Gem 27	29 Leo 21	03 Sag 11
11	27 Leo 03	00 Sag 47	01 Psc 02	04 Gem 23	02 Vir 18	06 Sag 17
12	00 Vir 01	03 Sag 53	04 Psc 07	07 Gem 20	05 Vir 16	09 Sag 23
13	02 Vir 58	06 Sag 59	07 Psc 12	10 Gem 16	08 Vir 13	12 Sag 30
14	05 Vir 55	10 Sag 05	10 Psc 16	13 Gem 12	11 Vir 12	15 Sag 37
15	08 Vir 53	13 Sag 12	13 Psc 21	16 Gem 08	14 Vir 10	18 Sag 43
16	11 Vir 51	16 Sag 18	16 Psc 25	19 Gem 03	17 Vir 08	21 Sag 50
17	14 Vir 50	19 Sag 25	19 Psc 29	21 Gem 59	20 Vir 07	24 Sag 57
18	17 Vir 48	22 Sag 32	22 Psc 32	24 Gem 55	23 Vir 06	28 Sag 05
19	20 Vir 47	25 Sag 39	25 Psc 35	27 Gem 50	26 Vir 06	01 Cap 12
20	23 Vir 46	28 Sag 46	28 Psc 38	00 Can 46	29 Vir 06	04 Cap 19
21	26 Vir 46	01 Cap 54	01 Ari 40	03 Can 41	02 Lib 06	07 Cap 26
22	29 Vir 46	05 Cap 01	04 Ari 43	06 Can 36	05 Lib 06	10 Cap 34
23	02 Lib 46	08 Cap 08	07 Ari 44	09 Can 31	08 Lib 07	13 Cap 41
24	05 Lib 46	11 Cap 16	10 Ari 46	12 Can 27	11 Lib 08	16 Cap 48
25	08 Lib 47	14 Cap 23	13 Ari 47	15 Can 22	14 Lib 09	19 Cap 56
26	11 Lib 48	17 Cap 30	16 Ari 48	18 Can 17	17 Lib 11	23 Cap 03
27	14 Lib 49	20 Cap 38	19 Ari 49	21 Can 12	20 Lib 12	26 Cap 10
28	17 Lib 51	23 Cap 45	22 Ari 49	24 Can 08	23 Lib 15	29 Cap 17
29	20 Lib 53	26 Cap 52	25 Ari 49	27 Can 03	26 Lib 17	02 Aqu 24
30	23 Lib 56		28 Ari 49	29 Can 59	29 Lib 20	05 Aqu 31
31	26 Lib 58		01 Tau 48		02 Sco 23	

2004 (Midnight GMT)

Day	July	August	September	October	November	December
01	08 Aqu 38	13 Tau 03	13 Leo 58	13 Sco 58	20 Aqu 22	21 Tau 16
02	11 Aqu 45	16 Tau 01	16 Leo 55	17 Sco 03	23 Aqu 28	24 Tau 14
03	14 Aqu 51	18 Tau 58	19 Leo 51	20 Sco 08	26 Aqu 34	27 Tau 11
04	17 Aqu 57	21 Tau 56	22 Leo 48	23 Sco 13	29 Aqu 39	00 Gem 08
05	21 Aqu 04	24 Tau 53	25 Leo 44	26 Sco 18	02 Psc 44	03 Gem 04
06	24 Aqu 09	27 Tau 50	28 Leo 41	29 Sco 24	05 Psc 49	06 Gem 01
07	27 Aqu 15	00 Gem 47	01 Vir 39	02 Sag 30	08 Psc 54	08 Gem 57
08	00 Psc 21	03 Gem 44	04 Vir 36	05 Sag 36	11 Psc 59	11 Gem 53
09	03 Psc 26	06 Gem 40	07 Vir 34	08 Sag 42	15 Psc 03	14 Gem 49
10	06 Psc 31	09 Gem 36	10 Vir 32	11 Sag 48	18 Psc 07	17 Gem 45
11	09 Psc 35	12 Gem 32	13 Vir 30	14 Sag 55	21 Psc 10	20 Gem 41
12	12 Psc 40	15 Gem 28	16 Vir 28	18 Sag 02	24 Psc 13	23 Gem 36
13	15 Psc 44	18 Gem 24	19 Vir 27	21 Sag 09	27 Psc 16	26 Gem 32
14	18 Psc 48	21 Gem 20	22 Vir 26	24 Sag 16	00 Ari 19	29 Gem 27
15	21 Psc 51	24 Gem 15	25 Vir 26	27 Sag 23	03 Ari 21	02 Can 23
16	24 Psc 54	27 Gem 11	28 Vir 25	00 Cap 30	06 Ari 23	05 Can 18
17	27 Psc 57	00 Can 06	01 Lib 25	03 Cap 37	09 Ari 25	08 Can 13
18	00 Ari 60	03 Can 02	04 Lib 26	06 Cap 44	12 Ari 26	11 Can 08
19	04 Ari 02	05 Can 57	07 Lib 26	09 Cap 52	15 Ari 27	14 Can 04
20	07 Ari 04	08 Can 52	10 Lib 27	12 Cap 59	18 Ari 28	16 Can 59
21	10 Ari 05	11 Can 47	13 Lib 28	16 Cap 07	21 Ari 29	19 Can 54
22	13 Ari 07	14 Can 43	16 Lib 30	19 Cap 14	24 Ari 29	22 Can 49
23	16 Ari 08	17 Can 38	19 Lib 32	22 Cap 21	27 Ari 28	25 Can 45
24	19 Ari 08	20 Can 33	22 Lib 34	25 Cap 28	00 Tau 28	28 Can 40
25	22 Ari 09	23 Can 29	25 Lib 37	28 Cap 36	03 Tau 27	01 Leo 36
26	25 Ari 09	26 Can 24	28 Lib 39	01 Aqu 43	06 Tau 26	04 Leo 31
27	28 Ari 09	29 Can 19	01 Sco 43	04 Aqu 50	09 Tau 25	07 Leo 27
28	01 Tau 08	02 Leo 15	04 Sco 46	07 Aqu 56	12 Tau 23	10 Leo 23
29	04 Tau 07	05 Leo 11	07 Sco 50	11 Aqu 03	15 Tau 21	13 Leo 19
30	07 Tau 06	08 Leo 06	10 Sco 54	14 Aqu 10	18 Tau 19	16 Leo 15
31	10 Tau 04	11 Leo 02		17 Aqu 16		19 Leo 12

2005 (Midnight GMT)

Day	January	February	March	April	May	June
01	22 Leo 08	25 Sco 37	22 Aqu 46	26 Tau 31	24 Leo 25	28 Sco 01
02	25 Leo 05	28 Sco 42	25 Aqu 52	29 Tau 28	27 Leo 22	01 Sag 07
03	28 Leo 02	01 Sag 48	28 Aqu 58	02 Gem 25	00 Vir 19	04 Sag 13
04	00 Vir 59	04 Sag 54	02 Psc 03	05 Gem 21	03 Vir 17	07 Sag 19
05	03 Vir 56	08 Sag 00	05 Psc 08	08 Gem 18	06 Vir 14	10 Sag 25
06	06 Vir 54	11 Sag 07	08 Psc 13	11 Gem 14	09 Vir 12	13 Sag 32
07	09 Vir 52	14 Sag 13	11 Psc 17	14 Gem 10	12 Vir 10	16 Sag 38
08	12 Vir 50	17 Sag 20	14 Psc 22	17 Gem 06	15 Vir 09	19 Sag 45
09	15 Vir 49	20 Sag 27	17 Psc 25	20 Gem 01	18 Vir 07	22 Sag 52
10	18 Vir 47	23 Sag 34	20 Psc 29	22 Gem 57	21 Vir 06	25 Sag 59
11	21 Vir 46	26 Sag 41	23 Psc 32	25 Gem 53	24 Vir 06	29 Sag 06
12	24 Vir 46	29 Sag 48	26 Psc 35	28 Gem 48	27 Vir 05	02 Cap 14
13	27 Vir 45	02 Cap 55	29 Psc 38	01 Can 43	00 Lib 05	05 Cap 21
14	00 Lib 45	06 Cap 03	02 Ari 41	04 Can 39	03 Lib 05	08 Cap 28
15	03 Lib 45	09 Cap 10	05 Ari 43	07 Can 34	06 Lib 06	11 Cap 36
16	06 Lib 46	12 Cap 17	08 Ari 44	10 Can 29	09 Lib 06	14 Cap 43
17	09 Lib 47	15 Cap 25	11 Ari 46	13 Can 24	12 Lib 07	17 Cap 50
18	12 Lib 48	18 Cap 32	14 Ari 47	16 Can 20	15 Lib 09	20 Cap 58
19	15 Lib 49	21 Cap 39	17 Ari 48	19 Can 15	18 Lib 11	24 Cap 05
20	18 Lib 51	24 Cap 47	20 Ari 48	22 Can 10	21 Lib 13	27 Cap 12
21	21 Lib 53	27 Cap 54	23 Ari 48	25 Can 06	24 Lib 15	00 Aqu 19
22	24 Lib 56	01 Aqu 01	26 Ari 48	28 Can 01	27 Lib 18	03 Aqu 26
23	27 Lib 59	04 Aqu 08	29 Ari 48	00 Leo 57	00 Sco 21	06 Aqu 33
24	01 Sco 02	07 Aqu 15	02 Tau 47	03 Leo 52	03 Sco 24	09 Aqu 40
25	04 Sco 05	10 Aqu 21	05 Tau 46	06 Leo 48	06 Sco 28	12 Aqu 46
26	07 Sco 09	13 Aqu 28	08 Tau 45	09 Leo 44	09 Sco 32	15 Aqu 53
27	10 Sco 13	16 Aqu 34	11 Tau 43	12 Leo 40	12 Sco 36	18 Aqu 59
28	13 Sco 17	19 Aqu 40	14 Tau 41	15 Leo 36	15 Sco 40	22 Aqu 05
29	16 Sco 21		17 Tau 39	18 Leo 32	18 Sco 45	25 Aqu 11
30	19 Sco 26		20 Tau 37	21 Leo 29	21 Sco 50	28 Aqu 16
31	22 Sco 31		23 Tau 34		24 Sco 55	

2005 (Midnight GMT)

Day	July	August	September	October	November	December
01	01 Psc 22	04 Gem 42	05 Vir 35	06 Sag 37	12 Psc 59	12 Gem 51
02	04 Psc 27	07 Gem 38	08 Vir 32	09 Sag 43	16 Psc 03	15 Gem 47
03	07 Psc 32	10 Gem 35	11 Vir 31	12 Sag 50	19 Psc 07	18 Gem 43
04	10 Psc 36	13 Gem 31	14 Vir 29	15 Sag 57	22 Psc 11	21 Gem 39
05	13 Psc 40	16 Gem 26	17 Vir 27	19 Sag 03	25 Psc 14	24 Gem 34
06	16 Psc 44	19 Gem 22	20 Vir 26	22 Sag 10	28 Psc 17	27 Gem 30
07	19 Psc 48	22 Gem 18	23 Vir 25	25 Sag 17	01 Ari 19	00 Can 25
08	22 Psc 52	25 Gem 13	26 Vir 25	28 Sag 24	04 Ari 21	03 Can 20
09	25 Psc 55	28 Gem 09	29 Vir 25	01 Cap 32	07 Ari 23	06 Can 16
10	28 Psc 57	01 Can 04	02 Lib 25	04 Cap 39	10 Ari 25	09 Can 11
11	01 Ari 60	03 Can 60	05 Lib 25	07 Cap 46	13 Ari 26	12 Can 06
12	05 Ari 02	06 Can 55	08 Lib 26	10 Cap 54	16 Ari 27	15 Can 01
13	08 Ari 04	09 Can 50	11 Lib 27	14 Cap 01	19 Ari 28	17 Can 57
14	11 Ari 05	12 Can 45	14 Lib 28	17 Cap 08	22 Ari 28	20 Can 52
15	14 Ari 07	15 Can 41	17 Lib 30	20 Cap 16	25 Ari 28	23 Can 47
16	17 Ari 07	18 Can 36	20 Lib 32	23 Cap 23	28 Ari 28	26 Can 43
17	20 Ari 08	21 Can 31	23 Lib 34	26 Cap 30	01 Tau 27	29 Can 38
18	23 Ari 08	24 Can 26	26 Lib 37	29 Cap 37	04 Tau 26	02 Leo 34
19	26 Ari 08	27 Can 22	29 Lib 40	02 Aqu 44	07 Tau 25	05 Leo 29
20	29 Ari 08	00 Leo 17	02 Sco 43	05 Aqu 51	10 Tau 23	08 Leo 25
21	02 Tau 07	03 Leo 13	05 Sco 47	08 Aqu 58	13 Tau 22	11 Leo 21
22	05 Tau 06	06 Leo 09	08 Sco 50	12 Aqu 05	16 Tau 20	14 Leo 17
23	08 Tau 05	09 Leo 04	11 Sco 55	15 Aqu 11	19 Tau 17	17 Leo 13
24	11 Tau 03	12 Leo 00	14 Sco 59	18 Aqu 17	22 Tau 15	20 Leo 10
25	14 Tau 01	14 Leo 57	18 Sco 04	21 Aqu 23	25 Tau 12	23 Leo 06
26	16 Tau 59	17 Leo 53	21 Sco 09	24 Aqu 29	28 Tau 09	26 Leo 03
27	19 Tau 57	20 Leo 49	24 Sco 14	27 Aqu 35	01 Gem 06	29 Leo 00
28	22 Tau 55	23 Leo 46	27 Sco 19	00 Psc 40	04 Gem 03	01 Vir 58
29	25 Tau 52	26 Leo 43	00 Sag 25	03 Psc 45	06 Gem 59	04 Vir 55
30	28 Tau 49	29 Leo 40	03 Sag 31	06 Psc 50	09 Gem 55	07 Vir 53
31	01 Gem 45	02 Vir 37		09 Psc 55		10 Vir 51

2006 (Midnight GMT)

Day	January	February	March	April	May	June
01	13 Vir 49	18 Sag 22	15 Psc 22	18 Gem 04	16 Vir 08	20 Sag 47
02	16 Vir 48	21 Sag 29	18 Psc 26	20 Gem 59	19 Vir 06	23 Sag 54
03	19 Vir 46	24 Sag 36	21 Psc 30	23 Gem 55	22 Vir 05	27 Sag 01
04	22 Vir 45	27 Sag 43	24 Psc 33	26 Gem 51	25 Vir 05	00 Cap 08
05	25 Vir 45	00 Cap 50	27 Psc 36	29 Gem 46	28 Vir 04	03 Cap 15
06	28 Vir 45	03 Cap 57	00 Ari 38	02 Can 41	01 Lib 04	06 Cap 23
07	01 Lib 45	07 Cap 04	03 Ari 41	05 Can 37	04 Lib 05	09 Cap 30
08	04 Lib 45	10 Cap 12	06 Ari 43	08 Can 32	07 Lib 05	12 Cap 37
09	07 Lib 46	13 Cap 19	09 Ari 44	11 Can 27	10 Lib 06	15 Cap 45
10	10 Lib 46	16 Cap 27	12 Ari 46	14 Can 22	13 Lib 07	18 Cap 52
11	13 Lib 48	19 Cap 34	15 Ari 47	17 Can 18	16 Lib 09	21 Cap 59
12	16 Lib 49	22 Cap 41	18 Ari 47	20 Can 13	19 Lib 11	25 Cap 07
13	19 Lib 51	25 Cap 48	21 Ari 48	23 Can 08	22 Lib 13	28 Cap 14
14	22 Lib 54	28 Cap 56	24 Ari 48	26 Can 04	25 Lib 15	01 Aqu 21
15	25 Lib 56	02 Aqu 03	27 Ari 48	28 Can 59	28 Lib 18	04 Aqu 28
16	28 Lib 59	05 Aqu 10	00 Tau 47	01 Leo 55	01 Sco 21	07 Aqu 35
17	02 Sco 02	08 Aqu 16	03 Tau 46	04 Leo 50	04 Sco 25	10 Aqu 41
18	05 Sco 06	11 Aqu 23	06 Tau 45	07 Leo 46	07 Sco 28	13 Aqu 48
19	08 Sco 09	14 Aqu 29	09 Tau 44	10 Leo 42	10 Sco 32	16 Aqu 54
20	11 Sco 13	17 Aqu 36	12 Tau 42	13 Leo 38	13 Sco 37	20 Aqu 00
21	14 Sco 18	20 Aqu 42	15 Tau 40	16 Leo 34	16 Sco 41	23 Aqu 06
22	17 Sco 22	23 Aqu 48	18 Tau 38	19 Leo 30	19 Sco 46	26 Aqu 12
23	20 Sco 27	26 Aqu 53	21 Tau 35	22 Leo 27	22 Sco 51	29 Aqu 18
24	23 Sco 32	29 Aqu 59	24 Tau 33	25 Leo 24	25 Sco 56	02 Psc 23
25	26 Sco 38	03 Psc 04	27 Tau 30	28 Leo 21	29 Sco 02	05 Psc 28
26	29 Sco 44	06 Psc 09	00 Gem 27	01 Vir 18	02 Sag 08	08 Psc 33
27	02 Sag 49	09 Psc 14	03 Gem 23	04 Vir 15	05 Sag 14	11 Psc 37
28	05 Sag 56	12 Psc 18	06 Gem 20	07 Vir 13	08 Sag 20	14 Psc 41
29	09 Sag 02		09 Gem 16	10 Vir 11	11 Sag 27	17 Psc 45
30	12 Sag 08		12 Gem 12	13 Vir 09	14 Sag 33	20 Psc 49
31	15 Sag 15		15 Gem 08		17 Sag 40	

2006 (Midnight GMT)

Day	July	August	September	October	November	December
01	23 Psc 52	26 Gem 11	27 Vir 24	29 Sag 26	05 Ari 21	04 Can 18
02	26 Psc 55	29 Gem 07	00 Lib 24	02 Cap 34	08 Ari 23	07 Can 14
03	29 Psc 58	02 Can 02	03 Lib 24	05 Cap 41	11 Ari 25	10 Can 09
04	03 Ari 00	04 Can 57	06 Lib 25	08 Cap 48	14 Ari 26	13 Can 04
05	06 Ari 02	07 Can 53	09 Lib 26	11 Cap 56	17 Ari 27	15 Can 59
06	09 Ari 04	10 Can 48	12 Lib 27	15 Cap 03	20 Ari 27	18 Can 55
07	12 Ari 05	13 Can 43	15 Lib 28	18 Cap 10	23 Ari 27	21 Can 50
08	15 Ari 06	16 Can 38	18 Lib 30	21 Cap 18	26 Ari 27	24 Can 45
09	18 Ari 07	19 Can 34	21 Lib 32	24 Cap 25	29 Ari 27	27 Can 41
10	21 Ari 08	22 Can 29	24 Lib 34	27 Cap 32	02 Tau 26	00 Leo 36
11	24 Ari 08	25 Can 24	27 Lib 37	00 Aqu 39	05 Tau 25	03 Leo 32
12	27 Ari 07	28 Can 20	00 Sco 40	03 Aqu 46	08 Tau 24	06 Leo 27
13	00 Tau 07	01 Leo 15	03 Sco 44	06 Aqu 53	11 Tau 22	09 Leo 23
14	03 Tau 06	04 Leo 11	06 Sco 47	09 Aqu 60	14 Tau 21	12 Leo 19
15	06 Tau 05	07 Leo 07	09 Sco 51	13 Aqu 06	17 Tau 18	15 Leo 15
16	09 Tau 04	10 Leo 03	12 Sco 55	16 Aqu 13	20 Tau 16	18 Leo 12
17	12 Tau 02	12 Leo 59	15 Sco 60	19 Aqu 19	23 Tau 13	21 Leo 08
18	15 Tau 00	15 Leo 55	19 Sco 05	22 Aqu 25	26 Tau 11	24 Leo 05
19	17 Tau 58	18 Leo 51	22 Sco 10	25 Aqu 31	29 Tau 08	27 Leo 02
20	20 Tau 56	21 Leo 48	25 Sco 15	28 Aqu 36	02 Gem 04	29 Leo 59
21	23 Tau 53	24 Leo 44	28 Sco 21	01 Psc 41	05 Gem 01	02 Vir 56
22	26 Tau 50	27 Leo 41	01 Sag 26	04 Psc 47	07 Gem 57	05 Vir 54
23	29 Tau 47	00 Vir 38	04 Sag 32	07 Psc 51	10 Gem 53	08 Vir 51
24	02 Gem 44	03 Vir 36	07 Sag 39	10 Psc 56	13 Gem 49	11 Vir 50
25	05 Gem 40	06 Vir 33	10 Sag 45	14 Psc 00	16 Gem 45	14 Vir 48
26	08 Gem 37	09 Vir 31	13 Sag 51	17 Psc 04	19 Gem 41	17 Vir 47
27	11 Gem 33	12 Vir 29	16 Sag 58	20 Psc 08	22 Gem 37	20 Vir 45
28	14 Gem 29	15 Vir 28	20 Sag 05	23 Psc 11	25 Gem 32	23 Vir 45
29	17 Gem 24	18 Vir 26	23 Sag 12	26 Psc 14	28 Gem 28	26 Vir 44
30	20 Gem 20	21 Vir 25	26 Sag 19	29 Psc 17	01 Can 23	29 Vir 44
31	23 Gem 16	24 Vir 25		02 Ari 19		02 Lib 44

2007 (Midnight GMT)

Day	January	February	March	April	May	June
01	05 Lib 44	11 Cap 14	07 Ari 43	09 Can 30	08 Lib 05	13 Cap 39
02	08 Lib 45	14 Cap 21	10 Ari 44	12 Can 25	11 Lib 06	16 Cap 47
03	11 Lib 46	17 Cap 28	13 Ari 45	15 Can 20	14 Lib 07	19 Cap 54
04	14 Lib 48	20 Cap 36	16 Ari 46	18 Can 15	17 Lib 09	23 Cap 01
05	17 Lib 49	23 Cap 43	19 Ari 47	21 Can 11	20 Lib 11	26 Cap 08
06	20 Lib 51	26 Cap 50	22 Ari 47	24 Can 06	23 Lib 13	29 Cap 16
07	23 Lib 54	29 Cap 57	25 Ari 47	27 Can 01	26 Lib 16	02 Aqu 23
08	26 Lib 56	03 Aqu 04	28 Ari 47	29 Can 57	29 Lib 18	05 Aqu 29
09	29 Lib 59	06 Aqu 11	01 Tau 46	02 Leo 52	02 Sco 22	08 Aqu 36
10	03 Sco 03	09 Aqu 18	04 Tau 45	05 Leo 48	05 Sco 25	11 Aqu 43
11	06 Sco 06	12 Aqu 25	07 Tau 44	08 Leo 44	08 Sco 29	14 Aqu 49
12	09 Sco 10	15 Aqu 31	10 Tau 43	11 Leo 40	11 Sco 33	17 Aqu 56
13	12 Sco 14	18 Aqu 37	13 Tau 41	14 Leo 36	14 Sco 37	21 Aqu 02
14	15 Sco 19	21 Aqu 43	16 Tau 39	17 Leo 32	17 Sco 42	24 Aqu 08
15	18 Sco 23	24 Aqu 49	19 Tau 36	20 Leo 29	20 Sco 47	27 Aqu 13
16	21 Sco 28	27 Aqu 55	22 Tau 34	23 Leo 25	23 Sco 52	00 Psc 19
17	24 Sco 34	01 Psc 00	25 Tau 31	26 Leo 22	26 Sco 58	03 Psc 24
18	27 Sco 39	04 Psc 05	28 Tau 28	29 Leo 19	00 Sag 03	06 Psc 29
19	00 Sag 45	07 Psc 10	01 Gem 25	02 Vir 16	03 Sag 09	09 Psc 33
20	03 Sag 51	10 Psc 15	04 Gem 21	05 Vir 14	06 Sag 15	12 Psc 38
21	06 Sag 57	13 Psc 19	07 Gem 18	08 Vir 12	09 Sag 22	15 Psc 42
22	10 Sag 03	16 Psc 23	10 Gem 14	11 Vir 10	12 Sag 28	18 Psc 46
23	13 Sag 10	19 Psc 27	13 Gem 10	14 Vir 08	15 Sag 35	21 Psc 49
24	16 Sag 16	22 Psc 30	16 Gem 06	17 Vir 07	18 Sag 42	24 Psc 52
25	19 Sag 23	25 Psc 33	19 Gem 02	20 Vir 05	21 Sag 49	27 Psc 55
26	22 Sag 30	28 Psc 36	21 Gem 57	23 Vir 05	24 Sag 56	00 Ari 58
27	25 Sag 37	01 Ari 39	24 Gem 53	26 Vir 04	28 Sag 03	04 Ari 00
28	28 Sag 44	04 Ari 41	27 Gem 48	29 Vir 04	01 Cap 10	07 Ari 02
29	01 Cap 52		00 Can 44	02 Lib 04	04 Cap 17	10 Ari 04
30	04 Cap 59		03 Can 39	05 Lib 04	07 Cap 25	13 Ari 05
31	08 Cap 06		06 Can 34		10 Cap 32	

2007 (Midnight GMT)

Day	July	August	September	October	November	December
01	16 Ari 06	17 Can 36	19 Lib 30	22 Cap 19	27 Ari 27	25 Can 43
02	19 Ari 07	20 Can 32	22 Lib 32	25 Cap 27	00 Tau 26	28 Can 39
03	22 Ari 07	23 Can 27	25 Lib 35	28 Cap 34	03 Tau 25	01 Leo 34
04	25 Ari 07	26 Can 22	28 Lib 38	01 Aqu 41	06 Tau 24	04 Leo 30
05	28 Ari 07	29 Can 18	01 Sco 41	04 Aqu 48	09 Tau 23	07 Leo 25
06	01 Tau 06	02 Leo 13	04 Sco 44	07 Aqu 55	12 Tau 21	10 Leo 21
07	04 Tau 05	05 Leo 09	07 Sco 48	11 Aqu 01	15 Tau 19	13 Leo 17
08	07 Tau 04	08 Leo 05	10 Sco 52	14 Aqu 08	18 Tau 17	16 Leo 14
09	10 Tau 03	11 Leo 01	13 Sco 56	17 Aqu 14	21 Tau 15	19 Leo 10
10	13 Tau 01	13 Leo 57	17 Sco 01	20 Aqu 20	24 Tau 12	22 Leo 06
11	15 Tau 59	16 Leo 53	20 Sco 06	23 Aqu 26	27 Tau 09	25 Leo 03
12	18 Tau 57	19 Leo 49	23 Sco 11	26 Aqu 32	00 Gem 06	28 Leo 00
13	21 Tau 54	22 Leo 46	26 Sco 16	29 Aqu 37	03 Gem 03	00 Vir 57
14	24 Tau 52	25 Leo 43	29 Sco 22	02 Psc 43	05 Gem 59	03 Vir 55
15	27 Tau 49	28 Leo 40	02 Sag 28	05 Psc 48	08 Gem 55	06 Vir 52
16	00 Gem 45	01 Vir 37	05 Sag 34	08 Psc 52	11 Gem 51	09 Vir 50
17	03 Gem 42	04 Vir 34	08 Sag 40	11 Psc 57	14 Gem 47	12 Vir 48
18	06 Gem 38	07 Vir 32	11 Sag 47	15 Psc 01	17 Gem 43	15 Vir 47
19	09 Gem 35	10 Vir 30	14 Sag 53	18 Psc 05	20 Gem 39	18 Vir 46
20	12 Gem 31	13 Vir 28	17 Sag 60	21 Psc 08	23 Gem 35	21 Vir 45
21	15 Gem 27	16 Vir 27	21 Sag 07	24 Psc 12	26 Gem 30	24 Vir 44
22	18 Gem 23	19 Vir 26	24 Sag 14	27 Psc 15	29 Gem 25	27 Vir 43
23	21 Gem 18	22 Vir 25	27 Sag 21	00 Ari 17	02 Can 21	00 Lib 43
24	24 Gem 14	25 Vir 24	00 Cap 28	03 Ari 19	05 Can 16	03 Lib 44
25	27 Gem 09	28 Vir 24	03 Cap 35	06 Ari 22	08 Can 11	06 Lib 44
26	00 Can 05	01 Lib 24	06 Cap 43	09 Ari 23	11 Can 07	09 Lib 45
27	02 Can 60	04 Lib 24	09 Cap 50	12 Ari 25	14 Can 02	12 Lib 46
28	05 Can 55	07 Lib 24	12 Cap 57	15 Ari 26	16 Can 57	15 Lib 48
29	08 Can 51	10 Lib 25	16 Cap 05	18 Ari 26	19 Can 52	18 Lib 49
30	11 Can 46	13 Lib 27	19 Cap 12	21 Ari 27	22 Can 48	21 Lib 52
31	14 Can 41	16 Lib 28		24 Ari 27		24 Lib 54

2008 (Midnight GMT)

Day	January	February	March	April	May	June
01	27 Lib 57	04 Aqu 06	02 Tau 45	03 Leo 50	03 Sco 22	09 Aqu 38
02	00 Sco 60	07 Aqu 13	05 Tau 44	06 Leo 46	06 Sco 26	12 Aqu 44
03	04 Sco 03	10 Aqu 20	08 Tau 43	09 Leo 42	09 Sco 30	15 Aqu 51
04	07 Sco 07	13 Aqu 26	11 Tau 41	12 Leo 38	12 Sco 34	18 Aqu 57
05	10 Sco 11	16 Aqu 32	14 Tau 40	15 Leo 34	15 Sco 38	22 Aqu 03
06	13 Sco 15	19 Aqu 39	17 Tau 37	18 Leo 30	18 Sco 43	25 Aqu 09
07	16 Sco 20	22 Aqu 45	20 Tau 35	21 Leo 27	21 Sco 48	28 Aqu 15
08	19 Sco 24	25 Aqu 50	23 Tau 32	24 Leo 24	24 Sco 53	01 Psc 20
09	22 Sco 30	28 Aqu 56	26 Tau 30	27 Leo 21	27 Sco 59	04 Psc 25
10	25 Sco 35	02 Psc 01	29 Tau 26	00 Vir 18	01 Sag 05	07 Psc 30
11	28 Sco 40	05 Psc 06	02 Gem 23	03 Vir 15	04 Sag 11	10 Psc 34
12	01 Sag 46	08 Psc 11	05 Gem 20	06 Vir 13	07 Sag 17	13 Psc 39
13	04 Sag 52	11 Psc 16	08 Gem 16	09 Vir 10	10 Sag 23	16 Psc 43
14	07 Sag 58	14 Psc 20	11 Gem 12	12 Vir 09	13 Sag 30	19 Psc 46
15	11 Sag 05	17 Psc 24	14 Gem 08	15 Vir 07	16 Sag 36	22 Psc 50
16	14 Sag 11	20 Psc 27	17 Gem 04	18 Vir 06	19 Sag 43	25 Psc 53
17	17 Sag 18	23 Psc 31	19 Gem 60	21 Vir 05	22 Sag 50	28 Psc 56
18	20 Sag 25	26 Psc 34	22 Gem 55	24 Vir 04	25 Sag 57	01 Ari 58
19	23 Sag 32	29 Psc 36	25 Gem 51	27 Vir 03	29 Sag 04	05 Ari 00
20	26 Sag 39	02 Ari 39	28 Gem 46	00 Lib 03	02 Cap 12	08 Ari 02
21	29 Sag 46	05 Ari 41	01 Can 42	03 Lib 03	05 Cap 19	11 Ari 04
22	02 Cap 54	08 Ari 43	04 Can 37	06 Lib 04	08 Cap 26	14 Ari 05
23	06 Cap 01	11 Ari 44	07 Can 32	09 Lib 05	11 Cap 34	17 Ari 06
24	09 Cap 08	14 Ari 45	10 Can 27	12 Lib 06	14 Cap 41	20 Ari 06
25	12 Cap 16	17 Ari 46	13 Can 23	15 Lib 07	17 Cap 48	23 Ari 06
26	15 Cap 23	20 Ari 46	16 Can 18	18 Lib 09	20 Cap 56	26 Ari 06
27	18 Cap 30	23 Ari 47	19 Can 13	21 Lib 11	24 Cap 03	29 Ari 06
28	21 Cap 38	26 Ari 47	22 Can 09	24 Lib 13	27 Cap 10	02 Tau 05
29	24 Cap 45	29 Ari 46	25 Can 04	27 Lib 16	00 Aqu 17	05 Tau 04
30	27 Cap 52		27 Can 59	00 Sco 19	03 Aqu 24	08 Tau 03
31	00 Aqu 59		00 Leo 55		06 Aqu 31	

2008 (Midnight GMT)

Day	July	August	September	October	November	December
01	11 Tau 02	11 Leo 59	14 Sco 57	18 Aqu 16	22 Tau 13	20 Leo 08
02	13 Tau 60	14 Leo 55	18 Sco 02	21 Aqu 22	25 Tau 10	23 Leo 05
03	16 Tau 58	17 Leo 51	21 Sco 07	24 Aqu 27	28 Tau 07	26 Leo 02
04	19 Tau 55	20 Leo 48	24 Sco 12	27 Aqu 33	01 Gem 04	28 Leo 59
05	22 Tau 53	23 Leo 44	27 Sco 18	00 Psc 39	04 Gem 01	01 Vir 56
06	25 Tau 50	26 Leo 41	00 Sag 23	03 Psc 44	06 Gem 57	04 Vir 53
07	28 Tau 47	29 Leo 38	03 Sag 29	06 Psc 49	09 Gem 53	07 Vir 51
08	01 Gem 44	02 Vir 35	06 Sag 35	09 Psc 53	12 Gem 50	10 Vir 49
09	04 Gem 40	05 Vir 33	09 Sag 42	12 Psc 58	15 Gem 45	13 Vir 47
10	07 Gem 37	08 Vir 31	12 Sag 48	16 Psc 02	18 Gem 41	16 Vir 46
11	10 Gem 33	11 Vir 29	15 Sag 55	19 Psc 05	21 Gem 37	19 Vir 45
12	13 Gem 29	14 Vir 27	19 Sag 02	22 Psc 09	24 Gem 33	22 Vir 44
13	16 Gem 25	17 Vir 26	22 Sag 08	25 Psc 12	27 Gem 28	25 Vir 43
14	19 Gem 21	20 Vir 25	25 Sag 16	28 Psc 15	00 Can 23	28 Vir 43
15	22 Gem 16	23 Vir 24	28 Sag 23	01 Ari 17	03 Can 19	01 Lib 43
16	25 Gem 12	26 Vir 23	01 Cap 30	04 Ari 20	06 Can 14	04 Lib 43
17	28 Gem 07	29 Vir 23	04 Cap 37	07 Ari 22	09 Can 09	07 Lib 44
18	01 Can 03	02 Lib 23	07 Cap 45	10 Ari 23	12 Can 04	10 Lib 45
19	03 Can 58	05 Lib 23	10 Cap 52	13 Ari 24	14 Can 60	13 Lib 46
20	06 Can 53	08 Lib 24	13 Cap 59	16 Ari 25	17 Can 55	16 Lib 48
21	09 Can 48	11 Lib 25	17 Cap 07	19 Ari 26	20 Can 50	19 Lib 50
22	12 Can 44	14 Lib 27	20 Cap 14	22 Ari 26	23 Can 46	22 Lib 52
23	15 Can 39	17 Lib 28	23 Cap 21	25 Ari 26	26 Can 41	25 Lib 54
24	18 Can 34	20 Lib 30	26 Cap 28	28 Ari 26	29 Can 36	28 Lib 57
25	21 Can 29	23 Lib 32	29 Cap 35	01 Tau 25	02 Leo 32	02 Sco 00
26	24 Can 25	26 Lib 35	02 Aqu 43	04 Tau 24	05 Leo 28	05 Sco 04
27	27 Can 20	29 Lib 38	05 Aqu 49	07 Tau 23	08 Leo 23	08 Sco 08
28	00 Leo 16	02 Sco 41	08 Aqu 56	10 Tau 22	11 Leo 19	11 Sco 12
29	03 Leo 11	05 Sco 45	12 Aqu 03	13 Tau 20	14 Leo 15	14 Sco 16
30	06 Leo 07	08 Sco 49	15 Aqu 09	16 Tau 18	17 Leo 12	17 Sco 21
31	09 Leo 03	11 Sco 53		19 Tau 16		20 Sco 26

2009 (Midnight GMT)

Day	January	February	March	April	May	June
01	23 Sco 31	29 Aqu 57	24 Tau 31	25 Leo 22	25 Sco 55	02 Psc 21
02	26 Sco 36	03 Psc 02	27 Tau 28	28 Leo 19	29 Sco 00	05 Psc 26
03	29 Sco 42	06 Psc 07	00 Gem 25	01 Vir 16	02 Sag 06	08 Psc 31
04	02 Sag 48	09 Psc 12	03 Gem 21	04 Vir 14	05 Sag 12	11 Psc 35
05	05 Sag 54	12 Psc 16	06 Gem 18	07 Vir 11	08 Sag 18	14 Psc 39
06	08 Sag 60	15 Psc 21	09 Gem 14	10 Vir 09	11 Sag 25	17 Psc 43
07	12 Sag 06	18 Psc 24	12 Gem 10	13 Vir 07	14 Sag 31	20 Psc 47
08	15 Sag 13	21 Psc 28	15 Gem 06	16 Vir 06	17 Sag 38	23 Psc 50
09	18 Sag 20	24 Psc 31	18 Gem 02	19 Vir 05	20 Sag 45	26 Psc 53
10	21 Sag 27	27 Psc 34	20 Gem 58	22 Vir 04	23 Sag 52	29 Psc 56
11	24 Sag 34	00 Ari 37	23 Gem 53	25 Vir 03	26 Sag 59	02 Ari 58
12	27 Sag 41	03 Ari 39	26 Gem 49	28 Vir 03	00 Cap 06	06 Ari 00
13	00 Cap 48	06 Ari 41	29 Gem 44	01 Lib 03	03 Cap 14	09 Ari 02
14	03 Cap 55	09 Ari 43	02 Can 40	04 Lib 03	06 Cap 21	12 Ari 03
15	07 Cap 03	12 Ari 44	05 Can 35	07 Lib 03	09 Cap 28	15 Ari 05
16	10 Cap 10	15 Ari 45	08 Can 30	10 Lib 04	12 Cap 36	18 Ari 05
17	13 Cap 17	18 Ari 46	11 Can 25	13 Lib 06	15 Cap 43	21 Ari 06
18	16 Cap 25	21 Ari 46	14 Can 21	16 Lib 07	18 Cap 50	24 Ari 06
19	19 Cap 32	24 Ari 46	17 Can 16	19 Lib 09	21 Cap 58	27 Ari 06
20	22 Cap 39	27 Ari 46	20 Can 11	22 Lib 11	25 Cap 05	00 Tau 05
21	25 Cap 47	00 Tau 45	23 Can 06	25 Lib 13	28 Cap 12	03 Tau 04
22	28 Cap 54	03 Tau 44	26 Can 02	28 Lib 16	01 Aqu 19	06 Tau 03
23	02 Aqu 01	06 Tau 43	28 Can 57	01 Sco 19	04 Aqu 26	09 Tau 02
24	05 Aqu 08	09 Tau 42	01 Leo 53	04 Sco 23	07 Aqu 33	12 Tau 00
25	08 Aqu 14	12 Tau 40	04 Leo 48	07 Sco 27	10 Aqu 39	14 Tau 59
26	11 Aqu 21	15 Tau 38	07 Leo 44	10 Sco 31	13 Aqu 46	17 Tau 56
27	14 Aqu 28	18 Tau 36	10 Leo 40	13 Sco 35	16 Aqu 52	20 Tau 54
28	17 Aqu 34	21 Tau 34	13 Leo 36	16 Sco 39	19 Aqu 59	23 Tau 51
29	20 Aqu 40		16 Leo 32	19 Sco 44	23 Aqu 04	26 Tau 48
30	23 Aqu 46		19 Leo 29	22 Sco 49	26 Aqu 10	29 Tau 45
31	26 Aqu 52		22 Leo 25		29 Aqu 16	

2009 (Midnight GMT)

Day	July	August	September	October	November	December
01	02 Gem 42	03 Vir 34	07 Sag 37	10 Psc 54	13 Gem 48	11 Vir 48
02	05 Gem 38	06 Vir 32	10 Sag 43	13 Psc 58	16 Gem 44	14 Vir 46
03	08 Gem 35	09 Vir 29	13 Sag 50	17 Psc 02	19 Gem 39	17 Vir 45
04	11 Gem 31	12 Vir 28	16 Sag 56	20 Psc 06	22 Gem 35	20 Vir 44
05	14 Gem 27	15 Vir 26	20 Sag 03	23 Psc 09	25 Gem 30	23 Vir 43
06	17 Gem 23	18 Vir 25	23 Sag 10	26 Psc 12	28 Gem 26	26 Vir 42
07	20 Gem 19	21 Vir 24	26 Sag 17	29 Psc 15	01 Can 21	29 Vir 42
08	23 Gem 14	24 Vir 23	29 Sag 24	02 Ari 18	04 Can 17	02 Lib 42
09	26 Gem 10	27 Vir 23	02 Cap 32	05 Ari 20	07 Can 12	05 Lib 43
10	29 Gem 05	00 Lib 22	05 Cap 39	08 Ari 21	10 Can 07	08 Lib 43
11	02 Can 00	03 Lib 23	08 Cap 46	11 Ari 23	13 Can 02	11 Lib 45
12	04 Can 56	06 Lib 23	11 Cap 54	14 Ari 24	15 Can 58	14 Lib 46
13	07 Can 51	09 Lib 24	15 Cap 01	17 Ari 25	18 Can 53	17 Lib 48
14	10 Can 46	12 Lib 25	18 Cap 08	20 Ari 25	21 Can 48	20 Lib 50
15	13 Can 41	15 Lib 26	21 Cap 16	23 Ari 26	24 Can 43	23 Lib 52
16	16 Can 37	18 Lib 28	24 Cap 23	26 Ari 26	27 Can 39	26 Lib 55
17	19 Can 32	21 Lib 30	27 Cap 30	29 Ari 25	00 Leo 34	29 Lib 58
18	22 Can 27	24 Lib 33	00 Aqu 37	02 Tau 24	03 Leo 30	03 Sco 01
19	25 Can 23	27 Lib 35	03 Aqu 44	05 Tau 23	06 Leo 26	06 Sco 04
20	28 Can 18	00 Sco 38	06 Aqu 51	08 Tau 22	09 Leo 22	09 Sco 08
21	01 Leo 14	03 Sco 42	09 Aqu 58	11 Tau 21	12 Leo 18	12 Sco 12
22	04 Leo 09	06 Sco 45	13 Aqu 04	14 Tau 19	15 Leo 14	15 Sco 17
23	07 Leo 05	09 Sco 49	16 Aqu 11	17 Tau 17	18 Leo 10	18 Sco 22
24	10 Leo 01	12 Sco 54	19 Aqu 17	20 Tau 14	21 Leo 06	21 Sco 27
25	12 Leo 57	15 Sco 58	22 Aqu 23	23 Tau 12	24 Leo 03	24 Sco 32
26	15 Leo 53	19 Sco 03	25 Aqu 29	26 Tau 09	26 Leo 60	27 Sco 37
27	18 Leo 49	22 Sco 08	28 Aqu 34	29 Tau 06	29 Leo 57	00 Sag 43
28	21 Leo 46	25 Sco 13	01 Psc 40	02 Gem 03	02 Vir 54	03 Sag 49
29	24 Leo 43	28 Sco 19	04 Psc 45	04 Gem 59	05 Vir 52	06 Sag 55
30	27 Leo 39	01 Sag 25	07 Psc 50	07 Gem 55	08 Vir 50	10 Sag 01
31	00 Vir 37	04 Sag 31		10 Gem 52		13 Sag 08

2010 (Midnight GMT)

Day	January	February	March	April	May	June
01	16 Sag 15	22 Psc 28	16 Gem 04	17 Vir 05	18 Sag 40	24 Psc 51
02	19 Sag 21	25 Psc 32	19 Gem 00	20 Vir 04	21 Sag 47	27 Psc 54
03	22 Sag 28	28 Psc 34	21 Gem 56	23 Vir 03	24 Sag 54	00 Ari 56
04	25 Sag 36	01 Ari 37	24 Gem 51	26 Vir 02	28 Sag 01	03 Ari 58
05	28 Sag 43	04 Ari 39	27 Gem 47	29 Vir 02	01 Cap 08	07 Ari 00
06	01 Cap 50	07 Ari 41	00 Can 42	02 Lib 02	04 Cap 15	10 Ari 02
07	04 Cap 57	10 Ari 42	03 Can 37	05 Lib 02	07 Cap 23	13 Ari 03
08	08 Cap 05	13 Ari 44	06 Can 33	08 Lib 03	10 Cap 30	16 Ari 04
09	11 Cap 12	16 Ari 45	09 Can 28	11 Lib 04	13 Cap 37	19 Ari 05
10	14 Cap 19	19 Ari 45	12 Can 23	14 Lib 05	16 Cap 45	22 Ari 05
11	17 Cap 27	22 Ari 45	15 Can 18	17 Lib 07	19 Cap 52	25 Ari 05
12	20 Cap 34	25 Ari 45	18 Can 14	20 Lib 09	22 Cap 59	28 Ari 05
13	23 Cap 41	28 Ari 45	21 Can 09	23 Lib 11	26 Cap 07	01 Tau 04
14	26 Cap 48	01 Tau 44	24 Can 04	26 Lib 14	29 Cap 14	04 Tau 04
15	29 Cap 55	04 Tau 44	26 Can 60	29 Lib 17	02 Aqu 21	07 Tau 02
16	03 Aqu 02	07 Tau 42	29 Can 55	02 Sco 20	05 Aqu 28	10 Tau 01
17	06 Aqu 09	10 Tau 41	02 Leo 51	05 Sco 23	08 Aqu 34	12 Tau 59
18	09 Aqu 16	13 Tau 39	05 Leo 46	08 Sco 27	11 Aqu 41	15 Tau 57
19	12 Aqu 23	16 Tau 37	08 Leo 42	11 Sco 31	14 Aqu 48	18 Tau 55
20	15 Aqu 29	19 Tau 35	11 Leo 38	14 Sco 36	17 Aqu 54	21 Tau 53
21	18 Aqu 35	22 Tau 32	14 Leo 34	17 Sco 40	20 Aqu 60	24 Tau 50
22	21 Aqu 41	25 Tau 29	17 Leo 31	20 Sco 45	24 Aqu 06	27 Tau 47
23	24 Aqu 47	28 Tau 26	20 Leo 27	23 Sco 50	27 Aqu 11	00 Gem 44
24	27 Aqu 53	01 Gem 23	23 Leo 24	26 Sco 56	00 Psc 17	03 Gem 40
25	00 Psc 58	04 Gem 20	26 Leo 20	00 Sag 02	03 Psc 22	06 Gem 37
26	04 Psc 03	07 Gem 16	29 Leo 17	03 Sag 07	06 Psc 27	09 Gem 33
27	07 Psc 08	10 Gem 12	02 Vir 15	06 Sag 14	09 Psc 32	12 Gem 29
28	10 Psc 13	13 Gem 08	05 Vir 12	09 Sag 20	12 Psc 36	15 Gem 25
29	13 Psc 17		08 Vir 10	12 Sag 26	15 Psc 40	18 Gem 21
30	16 Psc 21		11 Vir 08	15 Sag 33	18 Psc 44	21 Gem 16
31	19 Psc 25		14 Vir 06		21 Psc 47	

2010 (Midnight GMT)

Day	July	August	September	October	November	December
01	24 Gem 12	25 Vir 22	00 Cap 26	03 Ari 18	05 Can 14	03 Lib 42
02	27 Gem 08	28 Vir 22	03 Cap 34	06 Ari 20	08 Can 10	06 Lib 42
03	00 Can 03	01 Lib 22	06 Cap 41	09 Ari 21	11 Can 05	09 Lib 43
04	02 Can 58	04 Lib 22	09 Cap 48	12 Ari 23	14 Can 00	12 Lib 44
05	05 Can 54	07 Lib 23	12 Cap 56	15 Ari 24	16 Can 55	15 Lib 46
06	08 Can 49	10 Lib 24	16 Cap 03	18 Ari 25	19 Can 51	18 Lib 48
07	11 Can 44	13 Lib 25	19 Cap 10	21 Ari 25	22 Can 46	21 Lib 50
08	14 Can 39	16 Lib 26	22 Cap 18	24 Ari 25	25 Can 41	24 Lib 52
09	17 Can 35	19 Lib 28	25 Cap 25	27 Ari 25	28 Can 37	27 Lib 55
10	20 Can 30	22 Lib 30	28 Cap 32	00 Tau 24	01 Leo 32	00 Sco 58
11	23 Can 25	25 Lib 33	01 Aqu 39	03 Tau 24	04 Leo 28	04 Sco 01
12	26 Can 21	28 Lib 36	04 Aqu 46	06 Tau 22	07 Leo 24	07 Sco 05
13	29 Can 16	01 Sco 39	07 Aqu 53	09 Tau 21	10 Leo 20	10 Sco 09
14	02 Leo 12	04 Sco 42	10 Aqu 59	12 Tau 19	13 Leo 16	13 Sco 13
15	05 Leo 07	07 Sco 46	14 Aqu 06	15 Tau 18	16 Leo 12	16 Sco 18
16	08 Leo 03	10 Sco 50	17 Aqu 12	18 Tau 15	19 Leo 08	19 Sco 23
17	10 Leo 59	13 Sco 55	20 Aqu 18	21 Tau 13	22 Leo 05	22 Sco 28
18	13 Leo 55	16 Sco 59	23 Aqu 24	24 Tau 10	25 Leo 01	25 Sco 33
19	16 Leo 51	20 Sco 04	26 Aqu 30	27 Tau 07	27 Leo 58	28 Sco 39
20	19 Leo 48	23 Sco 09	29 Aqu 36	00 Gem 04	00 Vir 56	01 Sag 44
21	22 Leo 44	26 Sco 14	02 Psc 41	03 Gem 01	03 Vir 53	04 Sag 50
22	25 Leo 41	29 Sco 20	05 Psc 46	05 Gem 57	06 Vir 51	07 Sag 57
23	28 Leo 38	02 Sag 26	08 Psc 50	08 Gem 54	09 Vir 49	11 Sag 03
24	01 Vir 35	05 Sag 32	11 Psc 55	11 Gem 50	12 Vir 47	14 Sag 10
25	04 Vir 33	08 Sag 38	14 Psc 59	14 Gem 46	15 Vir 45	17 Sag 16
26	07 Vir 30	11 Sag 45	18 Psc 03	17 Gem 42	18 Vir 44	20 Sag 23
27	10 Vir 28	14 Sag 51	21 Psc 07	20 Gem 37	21 Vir 43	23 Sag 30
28	13 Vir 26	17 Sag 58	24 Psc 10	23 Gem 33	24 Vir 42	26 Sag 37
29	16 Vir 25	21 Sag 05	27 Psc 13	26 Gem 28	27 Vir 42	29 Sag 44
30	19 Vir 24	24 Sag 12	00 Ari 15	29 Gem 24	00 Lib 42	02 Cap 52
31	22 Vir 23	27 Sag 19		02 Can 19		05 Cap 59

2011 (Midnight GMT)

Day	January	February	March	April	May	June
01	09 Cap 06	14 Ari 43	07 Can 31	09 Lib 03	11 Cap 32	17 Ari 04
02	12 Cap 14	17 Ari 44	10 Can 26	12 Lib 04	14 Cap 39	20 Ari 04
03	15 Cap 21	20 Ari 45	13 Can 21	15 Lib 05	17 Cap 47	23 Ari 05
04	18 Cap 28	23 Ari 45	16 Can 16	18 Lib 07	20 Cap 54	26 Ari 05
05	21 Cap 36	26 Ari 45	19 Can 12	21 Lib 09	24 Cap 01	29 Ari 04
06	24 Cap 43	29 Ari 44	22 Can 07	24 Lib 11	27 Cap 08	02 Tau 04
07	27 Cap 50	02 Tau 44	25 Can 02	27 Lib 14	00 Aqu 15	05 Tau 03
08	00 Aqu 57	05 Tau 43	27 Can 58	00 Sco 17	03 Aqu 22	08 Tau 01
09	04 Aqu 04	08 Tau 41	00 Leo 53	03 Sco 20	06 Aqu 29	10 Tau 60
10	07 Aqu 11	11 Tau 40	03 Leo 49	06 Sco 24	09 Aqu 36	13 Tau 58
11	10 Aqu 18	14 Tau 38	06 Leo 44	09 Sco 28	12 Aqu 43	16 Tau 56
12	13 Aqu 24	17 Tau 36	09 Leo 40	12 Sco 32	15 Aqu 49	19 Tau 54
13	16 Aqu 31	20 Tau 33	12 Leo 36	15 Sco 37	18 Aqu 55	22 Tau 51
14	19 Aqu 37	23 Tau 31	15 Leo 32	18 Sco 41	22 Aqu 01	25 Tau 48
15	22 Aqu 43	26 Tau 28	18 Leo 29	21 Sco 46	25 Aqu 07	28 Tau 45
16	25 Aqu 49	29 Tau 25	21 Leo 25	24 Sco 52	28 Aqu 13	01 Gem 42
17	28 Aqu 54	02 Gem 21	24 Leo 22	27 Sco 57	01 Psc 18	04 Gem 39
18	01 Psc 59	05 Gem 18	27 Leo 19	01 Sag 03	04 Psc 23	07 Gem 35
19	05 Psc 04	08 Gem 14	00 Vir 16	04 Sag 09	07 Psc 28	10 Gem 31
20	08 Psc 09	11 Gem 10	03 Vir 13	07 Sag 15	10 Psc 33	13 Gem 27
21	11 Psc 14	14 Gem 06	06 Vir 11	10 Sag 21	13 Psc 37	16 Gem 23
22	14 Psc 18	17 Gem 02	09 Vir 09	13 Sag 28	16 Psc 41	19 Gem 19
23	17 Psc 22	19 Gem 58	12 Vir 07	16 Sag 35	19 Psc 45	22 Gem 14
24	20 Psc 26	22 Gem 54	15 Vir 05	19 Sag 41	22 Psc 48	25 Gem 10
25	23 Psc 29	25 Gem 49	18 Vir 04	22 Sag 48	25 Psc 51	28 Gem 05
26	26 Psc 32	28 Gem 45	21 Vir 03	25 Sag 55	28 Psc 54	01 Can 01
27	29 Psc 35	01 Can 40	24 Vir 02	29 Sag 03	01 Ari 56	03 Can 56
28	02 Ari 37	04 Can 35	27 Vir 02	02 Cap 10	04 Ari 58	06 Can 51
29	05 Ari 39		00 Lib 01	05 Cap 17	08 Ari 00	09 Can 47
30	08 Ari 41		03 Lib 02	08 Cap 25	11 Ari 02	12 Can 42
31	11 Ari 42		06 Lib 02		14 Ari 03	

2011 (Midnight GMT)

Day	July	August	September	October	November	December
01	15 Can 37	17 Lib 26	23 Cap 19	25 Ari 24	26 Can 39	25 Lib 53
02	18 Can 32	20 Lib 28	26 Cap 27	28 Ari 24	29 Can 35	28 Lib 55
03	21 Can 28	23 Lib 31	29 Cap 34	01 Tau 24	02 Leo 30	01 Sco 59
04	24 Can 23	26 Lib 33	02 Aqu 41	04 Tau 23	05 Leo 26	05 Sco 02
05	27 Can 18	29 Lib 36	05 Aqu 48	07 Tau 21	08 Leo 22	08 Sco 06
06	00 Leo 14	02 Sco 39	08 Aqu 54	10 Tau 20	11 Leo 18	11 Sco 10
07	03 Leo 10	05 Sco 43	12 Aqu 01	13 Tau 18	14 Leo 14	14 Sco 14
08	06 Leo 05	08 Sco 47	15 Aqu 07	16 Tau 16	17 Leo 10	17 Sco 19
09	09 Leo 01	11 Sco 51	18 Aqu 14	19 Tau 14	20 Leo 06	20 Sco 24
10	11 Leo 57	14 Sco 55	21 Aqu 20	22 Tau 11	23 Leo 03	23 Sco 29
11	14 Leo 53	18 Sco 00	24 Aqu 26	25 Tau 09	25 Leo 60	26 Sco 34
12	17 Leo 49	21 Sco 05	27 Aqu 31	28 Tau 06	28 Leo 57	29 Sco 40
13	20 Leo 46	24 Sco 10	00 Psc 37	01 Gem 03	01 Vir 54	02 Sag 46
14	23 Leo 42	27 Sco 16	03 Psc 42	03 Gem 59	04 Vir 52	05 Sag 52
15	26 Leo 39	00 Sag 21	06 Psc 47	06 Gem 56	07 Vir 49	08 Sag 58
16	29 Leo 36	03 Sag 27	09 Psc 51	09 Gem 52	10 Vir 47	12 Sag 05
17	02 Vir 34	06 Sag 33	12 Psc 56	12 Gem 48	13 Vir 46	15 Sag 11
18	05 Vir 31	09 Sag 40	15 Psc 60	15 Gem 44	16 Vir 44	18 Sag 18
19	08 Vir 29	12 Sag 46	19 Psc 04	18 Gem 40	19 Vir 43	21 Sag 25
20	11 Vir 27	15 Sag 53	22 Psc 07	21 Gem 35	22 Vir 42	24 Sag 32
21	14 Vir 25	18 Sag 60	25 Psc 10	24 Gem 31	25 Vir 41	27 Sag 39
22	17 Vir 24	22 Sag 07	28 Psc 13	27 Gem 26	28 Vir 41	00 Cap 46
23	20 Vir 23	25 Sag 14	01 Ari 16	00 Can 22	01 Lib 41	03 Cap 54
24	23 Vir 22	28 Sag 21	04 Ari 18	03 Can 17	04 Lib 41	07 Cap 01
25	26 Vir 21	01 Cap 28	07 Ari 20	06 Can 12	07 Lib 42	10 Cap 08
26	29 Vir 21	04 Cap 35	10 Ari 21	09 Can 08	10 Lib 43	13 Cap 16
27	02 Lib 21	07 Cap 43	13 Ari 23	12 Can 03	13 Lib 44	16 Cap 23
28	05 Lib 22	10 Cap 50	16 Ari 24	14 Can 58	16 Lib 46	19 Cap 30
29	08 Lib 22	13 Cap 57	19 Ari 24	17 Can 53	19 Lib 48	22 Cap 38
30	11 Lib 23	17 Cap 05	22 Ari 24	20 Can 49	22 Lib 50	25 Cap 45
31	14 Lib 25	20 Cap 12		23 Can 44		28 Cap 52

2012 (Midnight GMT)

Day	January	February	March	April	May	June
01	01 Aqu 59	06 Tau 42	01 Leo 51	04 Sco 21	07 Aqu 31	11 Tau 59
02	05 Aqu 06	09 Tau 40	04 Leo 47	07 Sco 25	10 Aqu 38	14 Tau 57
03	08 Aqu 13	12 Tau 38	07 Leo 42	10 Sco 29	13 Aqu 44	17 Tau 55
04	11 Aqu 19	15 Tau 37	10 Leo 38	13 Sco 33	16 Aqu 51	20 Tau 52
05	14 Aqu 26	18 Tau 34	13 Leo 34	16 Sco 38	19 Aqu 57	23 Tau 50
06	17 Aqu 32	21 Tau 32	16 Leo 31	19 Sco 42	23 Aqu 03	26 Tau 47
07	20 Aqu 38	24 Tau 29	19 Leo 27	22 Sco 48	26 Aqu 08	29 Tau 44
08	23 Aqu 44	27 Tau 26	22 Leo 24	25 Sco 53	29 Aqu 14	02 Gem 40
09	26 Aqu 50	00 Gem 23	25 Leo 20	28 Sco 58	02 Psc 19	05 Gem 37
10	29 Aqu 55	03 Gem 20	28 Leo 17	02 Sag 04	05 Psc 24	08 Gem 33
11	03 Psc 01	06 Gem 16	01 Vir 14	05 Sag 10	08 Psc 29	11 Gem 29
12	06 Psc 05	09 Gem 12	04 Vir 12	08 Sag 17	11 Psc 33	14 Gem 25
13	09 Psc 10	12 Gem 09	07 Vir 10	11 Sag 23	14 Psc 38	17 Gem 21
14	12 Psc 15	15 Gem 05	10 Vir 08	14 Sag 30	17 Psc 42	20 Gem 17
15	15 Psc 19	18 Gem 00	13 Vir 06	17 Sag 36	20 Psc 45	23 Gem 12
16	18 Psc 23	20 Gem 56	16 Vir 04	20 Sag 43	23 Psc 48	26 Gem 08
17	21 Psc 26	23 Gem 52	19 Vir 03	23 Sag 50	26 Psc 51	29 Gem 03
18	24 Psc 29	26 Gem 47	22 Vir 02	26 Sag 57	29 Psc 54	01 Can 59
19	27 Psc 32	29 Gem 42	25 Vir 01	00 Cap 04	02 Ari 56	04 Can 54
20	00 Ari 35	02 Can 38	28 Vir 01	03 Cap 12	05 Ari 59	07 Can 49
21	03 Ari 37	05 Can 33	01 Lib 01	06 Cap 19	09 Ari 00	10 Can 45
22	06 Ari 39	08 Can 28	04 Lib 01	09 Cap 26	12 Ari 02	13 Can 40
23	09 Ari 41	11 Can 24	07 Lib 02	12 Cap 34	15 Ari 03	16 Can 35
24	12 Ari 42	14 Can 19	10 Lib 03	15 Cap 41	18 Ari 04	19 Can 30
25	15 Ari 43	17 Can 14	13 Lib 04	18 Cap 48	21 Ari 04	22 Can 26
26	18 Ari 44	20 Can 09	16 Lib 05	21 Cap 56	24 Ari 04	25 Can 21
27	21 Ari 44	23 Can 05	19 Lib 07	25 Cap 03	27 Ari 04	28 Can 16
28	24 Ari 44	26 Can 00	22 Lib 09	28 Cap 10	00 Tau 04	01 Leo 12
29	27 Ari 44	28 Can 56	25 Lib 12	01 Aqu 17	03 Tau 03	04 Leo 08
30	00 Tau 44		28 Lib 15	04 Aqu 24	06 Tau 02	07 Leo 03
31	03 Tau 43		01 Sco 18		09 Tau 00	

2012 (Midnight GMT)

Day	July	August	September	October	November	December
01	09 Leo 59	12 Sco 52	19 Aqu 15	20 Tau 13	21 Leo 05	21 Sco 25
02	12 Leo 55	15 Sco 56	22 Aqu 21	23 Tau 10	24 Leo 01	24 Sco 30
03	15 Leo 51	19 Sco 01	25 Aqu 27	26 Tau 07	26 Leo 58	27 Sco 36
04	18 Leo 48	22 Sco 06	28 Aqu 33	29 Tau 04	29 Leo 55	00 Sag 41
05	21 Leo 44	25 Sco 11	01 Psc 38	02 Gem 01	02 Vir 53	03 Sag 47
06	24 Leo 41	28 Sco 17	04 Psc 43	04 Gem 57	05 Vir 50	06 Sag 53
07	27 Leo 38	01 Sag 23	07 Psc 48	07 Gem 54	08 Vir 48	09 Sag 60
08	00 Vir 35	04 Sag 29	10 Psc 52	10 Gem 50	11 Vir 46	13 Sag 06
09	03 Vir 32	07 Sag 35	13 Psc 57	13 Gem 46	14 Vir 44	16 Sag 13
10	06 Vir 30	10 Sag 41	17 Psc 00	16 Gem 42	17 Vir 43	19 Sag 20
11	09 Vir 28	13 Sag 48	20 Psc 04	19 Gem 38	20 Vir 42	22 Sag 27
12	12 Vir 26	16 Sag 55	23 Psc 08	22 Gem 33	23 Vir 41	25 Sag 34
13	15 Vir 24	20 Sag 01	26 Psc 11	25 Gem 29	26 Vir 41	28 Sag 41
14	18 Vir 23	23 Sag 08	29 Psc 13	28 Gem 24	29 Vir 40	01 Cap 48
15	21 Vir 22	26 Sag 15	02 Ari 16	01 Can 20	02 Lib 41	04 Cap 55
16	24 Vir 21	29 Sag 23	05 Ari 18	04 Can 15	05 Lib 41	08 Cap 03
17	27 Vir 21	02 Cap 30	08 Ari 20	07 Can 10	08 Lib 42	11 Cap 10
18	00 Lib 21	05 Cap 37	11 Ari 21	10 Can 05	11 Lib 43	14 Cap 17
19	03 Lib 21	08 Cap 45	14 Ari 22	13 Can 01	14 Lib 44	17 Cap 25
20	06 Lib 21	11 Cap 52	17 Ari 23	15 Can 56	17 Lib 46	20 Cap 32
21	09 Lib 22	14 Cap 59	20 Ari 24	18 Can 51	20 Lib 48	23 Cap 39
22	12 Lib 23	18 Cap 07	23 Ari 24	21 Can 46	23 Lib 50	26 Cap 47
23	15 Lib 25	21 Cap 14	26 Ari 24	24 Can 42	26 Lib 53	29 Cap 54
24	18 Lib 26	24 Cap 21	29 Ari 23	27 Can 37	29 Lib 56	03 Aqu 01
25	21 Lib 29	27 Cap 28	02 Tau 23	00 Leo 33	02 Sco 59	06 Aqu 08
26	24 Lib 31	00 Aqu 35	05 Tau 22	03 Leo 28	06 Sco 03	09 Aqu 14
27	27 Lib 34	03 Aqu 42	08 Tau 20	06 Leo 24	09 Sco 07	12 Aqu 21
28	00 Sco 37	06 Aqu 49	11 Tau 19	09 Leo 20	12 Sco 11	15 Aqu 27
29	03 Sco 40	09 Aqu 56	14 Tau 17	12 Leo 16	15 Sco 15	18 Aqu 34
30	06 Sco 44	13 Aqu 03	17 Tau 15	15 Leo 12	18 Sco 20	21 Aqu 40
31	09 Sco 48	16 Aqu 09		18 Leo 08		24 Aqu 45

2013 (Midnight GMT)

Day	January	February	March	April	May	June
01	27 Aqu 51	01 Gem 21	23 Leo 22	26 Sco 54	00 Psc 15	03 Gem 39
02	00 Psc 56	04 Gem 18	26 Leo 19	29 Sco 60	03 Psc 20	06 Gem 35
03	04 Psc 02	07 Gem 14	29 Leo 16	03 Sag 06	06 Psc 25	09 Gem 31
04	07 Psc 06	10 Gem 11	02 Vir 13	06 Sag 12	09 Psc 30	12 Gem 27
05	10 Psc 11	13 Gem 07	05 Vir 11	09 Sag 18	12 Psc 34	15 Gem 23
06	13 Psc 15	16 Gem 03	08 Vir 08	12 Sag 25	15 Psc 38	18 Gem 19
07	16 Psc 19	18 Gem 58	11 Vir 06	15 Sag 31	18 Psc 42	21 Gem 15
08	19 Psc 23	21 Gem 54	14 Vir 05	18 Sag 38	21 Psc 46	24 Gem 10
09	22 Psc 27	24 Gem 50	17 Vir 03	21 Sag 45	24 Psc 49	27 Gem 06
10	25 Psc 30	27 Gem 45	20 Vir 02	24 Sag 52	27 Psc 52	00 Can 01
11	28 Psc 33	00 Can 40	23 Vir 01	27 Sag 59	00 Ari 54	02 Can 57
12	01 Ari 35	03 Can 36	26 Vir 01	01 Cap 06	03 Ari 57	05 Can 52
13	04 Ari 37	06 Can 31	29 Vir 00	04 Cap 14	06 Ari 59	08 Can 47
14	07 Ari 39	09 Can 26	02 Lib 00	07 Cap 21	10 Ari 00	11 Can 42
15	10 Ari 41	12 Can 21	05 Lib 01	10 Cap 28	13 Ari 01	14 Can 38
16	13 Ari 42	15 Can 17	08 Lib 01	13 Cap 36	16 Ari 02	17 Can 33
17	16 Ari 43	18 Can 12	11 Lib 02	16 Cap 43	19 Ari 03	20 Can 28
18	19 Ari 43	21 Can 07	14 Lib 04	19 Cap 50	22 Ari 03	23 Can 23
19	22 Ari 44	24 Can 03	17 Lib 05	22 Cap 58	25 Ari 04	26 Can 19
20	25 Ari 44	26 Can 58	20 Lib 07	26 Cap 05	28 Ari 03	29 Can 14
21	28 Ari 43	29 Can 53	23 Lib 09	29 Cap 12	01 Tau 03	02 Leo 10
22	01 Tau 43	02 Leo 49	26 Lib 12	02 Aqu 19	04 Tau 02	05 Leo 05
23	04 Tau 42	05 Leo 45	29 Lib 15	05 Aqu 26	07 Tau 01	08 Leo 01
24	07 Tau 41	08 Leo 41	02 Sco 18	08 Aqu 33	09 Tau 59	10 Leo 57
25	10 Tau 39	11 Leo 36	05 Sco 22	11 Aqu 39	12 Tau 58	13 Leo 53
26	13 Tau 37	14 Leo 33	08 Sco 25	14 Aqu 46	15 Tau 56	16 Leo 49
27	16 Tau 35	17 Leo 29	11 Sco 30	17 Aqu 52	18 Tau 53	19 Leo 46
28	19 Tau 33	20 Leo 25	14 Sco 34	20 Aqu 58	21 Tau 51	22 Leo 42
29	22 Tau 30		17 Sco 39	24 Aqu 04	24 Tau 48	25 Leo 39
30	25 Tau 28		20 Sco 43	27 Aqu 10	27 Tau 45	28 Leo 36
31	28 Tau 25		23 Sco 49		00 Gem 42	

2013 (Midnight GMT)

Day	July	August	September	October	November	December
01	01 Vir 33	05 Sag 30	11 Psc 53	11 Gem 48	12 Vir 45	14 Sag 08
02	04 Vir 31	08 Sag 36	14 Psc 57	14 Gem 44	15 Vir 43	17 Sag 15
03	07 Vir 29	11 Sag 43	18 Psc 01	17 Gem 40	18 Vir 42	20 Sag 21
04	10 Vir 27	14 Sag 49	21 Psc 05	20 Gem 36	21 Vir 41	23 Sag 28
05	13 Vir 25	17 Sag 56	24 Psc 08	23 Gem 31	24 Vir 40	26 Sag 35
06	16 Vir 23	21 Sag 03	27 Psc 11	26 Gem 27	27 Vir 40	29 Sag 43
07	19 Vir 22	24 Sag 10	00 Ari 14	29 Gem 22	00 Lib 40	02 Cap 50
08	22 Vir 21	27 Sag 17	03 Ari 16	02 Can 17	03 Lib 40	05 Cap 57
09	25 Vir 20	00 Cap 24	06 Ari 18	05 Can 13	06 Lib 41	09 Cap 05
10	28 Vir 20	03 Cap 32	09 Ari 20	08 Can 08	09 Lib 41	12 Cap 12
11	01 Lib 20	06 Cap 39	12 Ari 21	11 Can 03	12 Lib 43	15 Cap 19
12	04 Lib 20	09 Cap 46	15 Ari 22	13 Can 58	15 Lib 44	18 Cap 27
13	07 Lib 21	12 Cap 54	18 Ari 23	16 Can 54	18 Lib 46	21 Cap 34
14	10 Lib 22	16 Cap 01	21 Ari 23	19 Can 49	21 Lib 48	24 Cap 41
15	13 Lib 23	19 Cap 08	24 Ari 23	22 Can 44	24 Lib 50	27 Cap 48
16	16 Lib 25	22 Cap 16	27 Ari 23	25 Can 40	27 Lib 53	00 Aqu 55
17	19 Lib 27	25 Cap 23	00 Tau 23	28 Can 35	00 Sco 56	04 Aqu 02
18	22 Lib 29	28 Cap 30	03 Tau 22	01 Leo 31	03 Sco 60	07 Aqu 09
19	25 Lib 31	01 Aqu 37	06 Tau 21	04 Leo 26	07 Sco 03	10 Aqu 16
20	28 Lib 34	04 Aqu 44	09 Tau 19	07 Leo 22	10 Sco 07	13 Aqu 22
21	01 Sco 37	07 Aqu 51	12 Tau 18	10 Leo 18	13 Sco 12	16 Aqu 29
22	04 Sco 41	10 Aqu 58	15 Tau 16	13 Leo 14	16 Sco 16	19 Aqu 35
23	07 Sco 44	14 Aqu 04	18 Tau 14	16 Leo 10	19 Sco 21	22 Aqu 41
24	10 Sco 48	17 Aqu 10	21 Tau 11	19 Leo 06	22 Sco 26	25 Aqu 47
25	13 Sco 53	20 Aqu 17	24 Tau 08	22 Leo 03	25 Sco 31	28 Aqu 52
26	16 Sco 57	23 Aqu 23	27 Tau 06	24 Leo 60	28 Sco 37	01 Psc 58
27	20 Sco 02	26 Aqu 28	00 Gem 02	27 Leo 57	01 Sag 43	05 Psc 03
28	23 Sco 07	29 Aqu 34	02 Gem 59	00 Vir 54	04 Sag 49	08 Psc 07
29	26 Sco 13	02 Psc 39	05 Gem 56	03 Vir 51	07 Sag 55	11 Psc 12
30	29 Sco 18	05 Psc 44	08 Gem 52	06 Vir 49	11 Sag 01	14 Psc 16
31	02 Sag 24	08 Psc 49		09 Vir 47		17 Psc 20

2014 (Midnight GMT)

Day	January	February	March	April	May	June
01	20 Psc 24	22 Gem 52	15 Vir 03	19 Sag 40	22 Psc 46	25 Gem 08
02	23 Psc 27	25 Gem 47	18 Vir 02	22 Sag 47	25 Psc 49	28 Gem 04
03	26 Psc 30	28 Gem 43	21 Vir 01	25 Sag 54	28 Psc 52	00 Can 59
04	29 Psc 33	01 Can 38	24 Vir 00	29 Sag 01	01 Ari 55	03 Can 54
05	02 Ari 35	04 Can 34	26 Vir 60	02 Cap 08	04 Ari 57	06 Can 50
06	05 Ari 37	07 Can 29	29 Vir 60	05 Cap 15	07 Ari 59	09 Can 45
07	08 Ari 39	10 Can 24	02 Lib 60	08 Cap 23	11 Ari 00	12 Can 40
08	11 Ari 41	13 Can 19	06 Lib 00	11 Cap 30	14 Ari 01	15 Can 35
09	14 Ari 42	16 Can 15	09 Lib 01	14 Cap 37	17 Ari 02	18 Can 31
10	17 Ari 42	19 Can 10	12 Lib 02	17 Cap 45	20 Ari 03	21 Can 26
11	20 Ari 43	22 Can 05	15 Lib 04	20 Cap 52	23 Ari 03	24 Can 21
12	23 Ari 43	25 Can 00	18 Lib 05	23 Cap 59	26 Ari 03	27 Can 17
13	26 Ari 43	27 Can 56	21 Lib 07	27 Cap 07	29 Ari 03	00 Leo 12
14	29 Ari 43	00 Leo 51	24 Lib 10	00 Aqu 14	02 Tau 02	03 Leo 08
15	02 Tau 42	03 Leo 47	27 Lib 12	03 Aqu 21	05 Tau 01	06 Leo 04
16	05 Tau 41	06 Leo 43	00 Sco 15	06 Aqu 28	07 Tau 60	08 Leo 59
17	08 Tau 40	09 Leo 39	03 Sco 19	09 Aqu 34	10 Tau 58	11 Leo 55
18	11 Tau 38	12 Leo 35	06 Sco 22	12 Aqu 41	13 Tau 56	14 Leo 51
19	14 Tau 36	15 Leo 31	09 Sco 26	15 Aqu 47	16 Tau 54	17 Leo 48
20	17 Tau 34	18 Leo 27	12 Sco 30	18 Aqu 53	19 Tau 52	20 Leo 44
21	20 Tau 32	21 Leo 24	15 Sco 35	21 Aqu 60	22 Tau 49	23 Leo 41
22	23 Tau 29	24 Leo 20	18 Sco 40	25 Aqu 05	25 Tau 47	26 Leo 38
23	26 Tau 26	27 Leo 17	21 Sco 45	28 Aqu 11	28 Tau 43	29 Leo 35
24	29 Tau 23	00 Vir 14	24 Sco 50	01 Psc 16	01 Gem 40	02 Vir 32
25	02 Gem 20	03 Vir 12	27 Sco 55	04 Psc 21	04 Gem 37	05 Vir 30
26	05 Gem 16	06 Vir 09	01 Sag 01	07 Psc 26	07 Gem 33	08 Vir 27
27	08 Gem 13	09 Vir 07	04 Sag 07	10 Psc 31	10 Gem 29	11 Vir 25
28	11 Gem 09	12 Vir 05	07 Sag 13	13 Psc 35	13 Gem 25	14 Vir 24
29	14 Gem 05		10 Sag 20	16 Psc 39	16 Gem 21	17 Vir 22
30	17 Gem 01		13 Sag 26	19 Psc 43	19 Gem 17	20 Vir 21
31	19 Gem 56		16 Sag 33		22 Gem 13	

2014 (Midnight GMT)

Day	July	August	September	October	November	December
01	23 Vir 20	28 Sag 19	04 Ari 16	03 Can 15	04 Lib 40	06 Cap 59
02	26 Vir 20	01 Cap 26	07 Ari 18	06 Can 11	07 Lib 40	10 Cap 06
03	29 Vir 19	04 Cap 34	10 Ari 20	09 Can 06	10 Lib 41	13 Cap 14
04	02 Lib 20	07 Cap 41	13 Ari 21	12 Can 01	13 Lib 42	16 Cap 21
05	05 Lib 20	10 Cap 48	16 Ari 22	14 Can 56	16 Lib 44	19 Cap 28
06	08 Lib 21	13 Cap 56	19 Ari 22	17 Can 52	19 Lib 46	22 Cap 36
07	11 Lib 22	17 Cap 03	22 Ari 23	20 Can 47	22 Lib 48	25 Cap 43
08	14 Lib 23	20 Cap 10	25 Ari 23	23 Can 42	25 Lib 51	28 Cap 50
09	17 Lib 25	23 Cap 18	28 Ari 22	26 Can 38	28 Lib 54	01 Aqu 57
10	20 Lib 27	26 Cap 25	01 Tau 22	29 Can 33	01 Sco 57	05 Aqu 04
11	23 Lib 29	29 Cap 32	04 Tau 21	02 Leo 29	05 Sco 00	08 Aqu 11
12	26 Lib 32	02 Aqu 39	07 Tau 20	05 Leo 24	08 Sco 04	11 Aqu 18
13	29 Lib 34	05 Aqu 46	10 Tau 18	08 Leo 20	11 Sco 08	14 Aqu 24
14	02 Sco 38	08 Aqu 53	13 Tau 17	11 Leo 16	14 Sco 12	17 Aqu 30
15	05 Sco 41	11 Aqu 59	16 Tau 15	14 Leo 12	17 Sco 17	20 Aqu 36
16	08 Sco 45	15 Aqu 06	19 Tau 12	17 Leo 08	20 Sco 22	23 Aqu 42
17	11 Sco 49	18 Aqu 12	22 Tau 10	20 Leo 05	23 Sco 27	26 Aqu 48
18	14 Sco 54	21 Aqu 18	25 Tau 07	23 Leo 01	26 Sco 32	29 Aqu 54
19	17 Sco 58	24 Aqu 24	28 Tau 04	25 Leo 58	29 Sco 38	02 Psc 59
20	21 Sco 03	27 Aqu 29	01 Gem 01	28 Leo 55	02 Sag 44	06 Psc 04
21	24 Sco 08	00 Psc 35	03 Gem 57	01 Vir 52	05 Sag 50	09 Psc 08
22	27 Sco 14	03 Psc 40	06 Gem 54	04 Vir 50	08 Sag 56	12 Psc 13
23	00 Sag 20	06 Psc 45	09 Gem 50	07 Vir 48	12 Sag 03	15 Psc 17
24	03 Sag 26	09 Psc 50	12 Gem 46	10 Vir 46	15 Sag 09	18 Psc 21
25	06 Sag 32	12 Psc 54	15 Gem 42	13 Vir 44	18 Sag 16	21 Psc 24
26	09 Sag 38	15 Psc 58	18 Gem 38	16 Vir 42	21 Sag 23	24 Psc 28
27	12 Sag 44	19 Psc 02	21 Gem 34	19 Vir 41	24 Sag 30	27 Psc 30
28	15 Sag 51	22 Psc 05	24 Gem 29	22 Vir 40	27 Sag 37	00 Ari 33
29	18 Sag 58	25 Psc 08	27 Gem 25	25 Vir 40	00 Cap 44	03 Ari 35
30	22 Sag 05	28 Psc 11	00 Can 20	28 Vir 39	03 Cap 52	06 Ari 37
31	25 Sag 12	01 Ari 14		01 Lib 39		09 Ari 39

2015 (Midnight GMT)

Day	January	February	March	April	May	June
01	12 Ari 40	14 Can 17	06 Lib 60	12 Cap 32	15 Ari 01	16 Can 33
02	15 Ari 41	17 Can 12	10 Lib 01	15 Cap 39	18 Ari 02	19 Can 29
03	18 Ari 42	20 Can 08	13 Lib 02	18 Cap 47	21 Ari 02	22 Can 24
04	21 Ari 42	23 Can 03	16 Lib 03	21 Cap 54	24 Ari 02	25 Can 19
05	24 Ari 43	25 Can 58	19 Lib 05	25 Cap 01	27 Ari 02	28 Can 15
06	27 Ari 42	28 Can 54	22 Lib 07	28 Cap 08	00 Tau 02	01 Leo 10
07	00 Tau 42	01 Leo 49	25 Lib 10	01 Aqu 15	03 Tau 01	04 Leo 06
08	03 Tau 41	04 Leo 45	28 Lib 13	04 Aqu 22	05 Tau 60	07 Leo 02
09	06 Tau 40	07 Leo 41	01 Sco 16	07 Aqu 29	08 Tau 59	09 Leo 57
10	09 Tau 38	10 Leo 37	04 Sco 19	10 Aqu 36	11 Tau 57	12 Leo 53
11	12 Tau 37	13 Leo 33	07 Sco 23	13 Aqu 42	14 Tau 55	15 Leo 50
12	15 Tau 35	16 Leo 29	10 Sco 27	16 Aqu 49	17 Tau 53	18 Leo 46
13	18 Tau 33	19 Leo 25	13 Sco 31	19 Aqu 55	20 Tau 50	21 Leo 42
14	21 Tau 30	22 Leo 22	16 Sco 36	23 Aqu 01	23 Tau 48	24 Leo 39
15	24 Tau 27	25 Leo 19	19 Sco 41	26 Aqu 07	26 Tau 45	27 Leo 36
16	27 Tau 24	28 Leo 16	22 Sco 46	29 Aqu 12	29 Tau 42	00 Vir 33
17	00 Gem 21	01 Vir 13	25 Sco 51	02 Psc 17	02 Gem 39	03 Vir 31
18	03 Gem 18	04 Vir 10	28 Sco 57	05 Psc 22	05 Gem 35	06 Vir 28
19	06 Gem 14	07 Vir 08	02 Sag 02	08 Psc 27	08 Gem 31	09 Vir 26
20	09 Gem 11	10 Vir 06	05 Sag 08	11 Psc 32	11 Gem 28	12 Vir 24
21	12 Gem 07	13 Vir 04	08 Sag 15	14 Psc 36	14 Gem 24	15 Vir 23
22	15 Gem 03	16 Vir 02	11 Sag 21	17 Psc 40	17 Gem 19	18 Vir 21
23	17 Gem 59	19 Vir 01	14 Sag 28	20 Psc 43	20 Gem 15	21 Vir 20
24	20 Gem 54	22 Vir 00	17 Sag 34	23 Psc 47	23 Gem 11	24 Vir 19
25	23 Gem 50	24 Vir 60	20 Sag 41	26 Psc 50	26 Gem 06	27 Vir 19
26	26 Gem 45	27 Vir 59	23 Sag 48	29 Psc 52	29 Gem 02	00 Lib 19
27	29 Gem 41	00 Lib 59	26 Sag 55	02 Ari 55	01 Can 57	03 Lib 19
28	02 Can 36	03 Lib 59	00 Cap 03	05 Ari 57	04 Can 52	06 Lib 20
29	05 Can 31		03 Cap 10	08 Ari 59	07 Can 48	09 Lib 20
30	08 Can 27		06 Cap 17	11 Ari 60	10 Can 43	12 Lib 21
31	11 Can 22		09 Cap 25		13 Can 38	

2015 (Midnight GMT)

Day	July	August	September	October	November	December
01	15 Lib 23	21 Cap 12	26 Ari 22	24 Can 40	26 Lib 51	29 Cap 52
02	18 Lib 25	24 Cap 19	29 Ari 22	27 Can 35	29 Lib 54	02 Aqu 59
03	21 Lib 27	27 Cap 27	02 Tau 21	00 Leo 31	02 Sco 57	06 Aqu 06
04	24 Lib 29	00 Aqu 34	05 Tau 20	03 Leo 27	06 Sco 01	09 Aqu 12
05	27 Lib 32	03 Aqu 41	08 Tau 19	06 Leo 22	09 Sco 05	12 Aqu 19
06	00 Sco 35	06 Aqu 47	11 Tau 17	09 Leo 18	12 Sco 09	15 Aqu 26
07	03 Sco 38	09 Aqu 54	14 Tau 15	12 Leo 14	15 Sco 13	18 Aqu 32
08	06 Sco 42	13 Aqu 01	17 Tau 13	15 Leo 10	18 Sco 18	21 Aqu 38
09	09 Sco 46	16 Aqu 07	20 Tau 11	18 Leo 06	21 Sco 23	24 Aqu 44
10	12 Sco 50	19 Aqu 13	23 Tau 08	21 Leo 03	24 Sco 28	27 Aqu 49
11	15 Sco 55	22 Aqu 19	26 Tau 05	23 Leo 60	27 Sco 34	00 Psc 55
12	18 Sco 59	25 Aqu 25	29 Tau 02	26 Leo 57	00 Sag 39	03 Psc 60
13	22 Sco 04	28 Aqu 31	01 Gem 59	29 Leo 54	03 Sag 45	07 Psc 05
14	25 Sco 10	01 Psc 36	04 Gem 56	02 Vir 51	06 Sag 52	10 Psc 09
15	28 Sco 15	04 Psc 41	07 Gem 52	05 Vir 48	09 Sag 58	13 Psc 14
16	01 Sag 21	07 Psc 46	10 Gem 48	08 Vir 46	13 Sag 04	16 Psc 18
17	04 Sag 27	10 Psc 50	13 Gem 44	11 Vir 44	16 Sag 11	19 Psc 21
18	07 Sag 33	13 Psc 55	16 Gem 40	14 Vir 43	19 Sag 18	22 Psc 25
19	10 Sag 39	16 Psc 59	19 Gem 36	17 Vir 41	22 Sag 25	25 Psc 28
20	13 Sag 46	20 Psc 02	22 Gem 31	20 Vir 40	25 Sag 32	28 Psc 31
21	16 Sag 53	23 Psc 06	25 Gem 27	23 Vir 39	28 Sag 39	01 Ari 33
22	19 Sag 60	26 Psc 09	28 Gem 22	26 Vir 39	01 Cap 46	04 Ari 36
23	23 Sag 07	29 Psc 12	01 Can 18	29 Vir 39	04 Cap 54	07 Ari 37
24	26 Sag 14	02 Ari 14	04 Can 13	02 Lib 39	08 Cap 01	10 Ari 39
25	29 Sag 21	05 Ari 16	07 Can 08	05 Lib 39	11 Cap 08	13 Ari 40
26	02 Cap 28	08 Ari 18	10 Can 04	08 Lib 40	14 Cap 16	16 Ari 41
27	05 Cap 35	11 Ari 19	12 Can 59	11 Lib 41	17 Cap 23	19 Ari 42
28	08 Cap 43	14 Ari 21	15 Can 54	14 Lib 42	20 Cap 30	22 Ari 42
29	11 Cap 50	17 Ari 21	18 Can 49	17 Lib 44	23 Cap 38	25 Ari 42
30	14 Cap 57	20 Ari 22	21 Can 45	20 Lib 46	26 Cap 45	28 Ari 42
31	18 Cap 05	23 Ari 22		23 Lib 48		01 Tau 41

2016 (Midnight GMT)

Day	January	February	March	April	May	June
01	04 Tau 40	05 Leo 43	02 Sco 16	08 Aqu 31	09 Tau 57	10 Leo 55
02	07 Tau 39	08 Leo 39	05 Sco 20	11 Aqu 37	12 Tau 56	13 Leo 52
03	10 Tau 37	11 Leo 35	08 Sco 24	14 Aqu 44	15 Tau 54	16 Leo 48
04	13 Tau 36	14 Leo 31	11 Sco 28	17 Aqu 50	18 Tau 52	19 Leo 44
05	16 Tau 34	17 Leo 27	14 Sco 32	20 Aqu 56	21 Tau 49	22 Leo 41
06	19 Tau 31	20 Leo 24	17 Sco 37	24 Aqu 02	24 Tau 46	25 Leo 37
07	22 Tau 29	23 Leo 20	20 Sco 42	27 Aqu 08	27 Tau 43	28 Leo 34
08	25 Tau 26	26 Leo 17	23 Sco 47	00 Psc 13	00 Gem 40	01 Vir 32
09	28 Tau 23	29 Leo 14	26 Sco 52	03 Psc 18	03 Gem 37	04 Vir 29
10	01 Gem 20	02 Vir 11	29 Sco 58	06 Psc 23	06 Gem 33	07 Vir 27
11	04 Gem 16	05 Vir 09	03 Sag 04	09 Psc 28	09 Gem 30	10 Vir 25
12	07 Gem 13	08 Vir 07	06 Sag 10	12 Psc 32	12 Gem 26	13 Vir 23
13	10 Gcm 09	11 Vir 05	09 Sag 16	15 Psc 37	15 Gem 22	16 Vir 22
14	13 Gem 05	14 Vir 03	12 Sag 23	18 Psc 40	18 Gem 17	19 Vir 20
15	16 Gem 01	17 Vir 01	15 Sag 29	21 Psc 44	21 Gem 13	22 Vir 19
16	18 Gem 57	20 Vir 00	18 Sag 36	24 Psc 47	24 Gem 09	25 Vir 19
17	21 Gem 52	22 Vir 59	21 Sag 43	27 Psc 50	27 Gem 04	28 Vir 18
18	24 Gem 48	25 Vir 59	24 Sag 50	00 Ari 53	29 Gem 60	01 Lib 18
19	27 Gem 43	28 Vir 59	27 Sag 57	03 Ari 55	02 Can 55	04 Lib 19
20	00 Can 39	01 Lib 59	01 Cap 04	06 Ari 57	05 Can 50	07 Lib 19
21	03 Can 34	04 Lib 59	04 Cap 12	09 Ari 58	08 Can 45	10 Lib 20
22	06 Can 29	07 Lib 60	07 Cap 19	12 Ari 60	11 Can 41	13 Lib 21
23	09 Can 25	11 Lib 01	10 Cap 26	16 Ari 01	14 Can 36	16 Lib 23
24	12 Can 20	14 Lib 02	13 Cap 34	19 Ari 01	17 Can 31	19 Lib 25
25	15 Can 15	17 Lib 03	16 Cap 41	22 Ari 02	20 Can 26	22 Lib 27
26	18 Can 10	20 Lib 05	19 Cap 48	25 Ari 02	23 Can 22	25 Lib 29
27	21 Can 06	23 Lib 08	22 Cap 56	28 Ari 02	26 Can 17	28 Lib 32
28	24 Can 01	26 Lib 10	26 Cap 03	01 Tau 01	29 Can 13	01 Sco 35
29	26 Can 56	29 Lib 13	29 Cap 10	04 Tau 00	02 Leo 08	04 Sco 39
30	29 Can 52		02 Aqu 17	06 Tau 59	05 Leo 04	07 Sco 43
31	02 Leo 47		05 Aqu 24		07 Leo 60	

2016 (Midnight GMT)

Day	July	August	September	October	November	December
01	10 Sco 47	17 Aqu 09	21 Tau 09	19 Leo 05	22 Sco 24	25 Aqu 45
02	13 Sco 51	20 Aqu 15	24 Tau 07	22 Leo 01	25 Sco 29	28 Aqu 51
03	16 Sco 56	23 Aqu 21	27 Tau 04	24 Leo 58	28 Sco 35	01 Psc 56
04	20 Sco 00	26 Aqu 26	00 Gem 01	27 Leo 55	01 Sag 41	05 Psc 01
05	23 Sco 06	29 Aqu 32	02 Gem 57	00 Vir 52	04 Sag 47	08 Psc 06
06	26 Sco 11	02 Psc 37	05 Gem 54	03 Vir 50	07 Sag 53	11 Psc 10
07	29 Sco 16	05 Psc 42	08 Gem 50	06 Vir 47	10 Sag 59	14 Psc 14
08	02 Sag 22	08 Psc 47	11 Gem 46	09 Vir 45	14 Sag 06	17 Psc 18
09	05 Sag 28	11 Psc 51	14 Gem 42	12 Vir 43	17 Sag 13	20 Psc 22
10	08 Sag 35	14 Psc 55	17 Gem 38	15 Vir 42	20 Sag 20	23 Psc 25
11	11 Sag 41	17 Psc 59	20 Gem 34	18 Vir 40	23 Sag 27	26 Psc 28
12	14 Sag 48	21 Psc 03	23 Gem 29	21 Vir 39	26 Sag 34	29 Psc 31
13	17 Sag 54	24 Psc 06	26 Gem 25	24 Vir 39	29 Sag 41	02 Ari 33
14	21 Sag 01	27 Psc 09	29 Gem 20	27 Vir 38	02 Cap 48	05 Ari 36
15	24 Sag 08	00 Ari 12	02 Can 16	00 Lib 38	05 Cap 55	08 Ari 37
16	27 Sag 15	03 Ari 14	05 Can 11	03 Lib 38	09 Cap 03	11 Ari 39
17	00 Cap 23	06 Ari 16	08 Can 06	06 Lib 39	12 Cap 10	14 Ari 40
18	03 Cap 30	09 Ari 18	11 Can 02	09 Lib 40	15 Cap 17	17 Ari 41
19	06 Cap 37	12 Ari 19	13 Can 57	12 Lib 41	18 Cap 25	20 Ari 41
20	09 Cap 45	15 Ari 20	16 Can 52	15 Lib 42	21 Cap 32	23 Ari 41
21	12 Cap 52	18 Ari 21	19 Can 47	18 Lib 44	24 Cap 39	26 Ari 41
22	15 Cap 59	21 Ari 21	22 Can 43	21 Lib 46	27 Cap 46	29 Ari 41
23	19 Cap 07	24 Ari 22	25 Can 38	24 Lib 49	00 Aqu 54	02 Tau 40
24	22 Cap 14	27 Ari 21	28 Can 33	27 Lib 51	04 Aqu 01	05 Tau 39
25	25 Cap 21	00 Tau 21	01 Leo 29	00 Sco 54	07 Aqu 07	08 Tau 38
26	28 Cap 28	03 Tau 20	04 Leo 25	03 Sco 58	10 Aqu 14	11 Tau 36
27	01 Aqu 35	06 Tau 19	07 Leo 20	07 Sco 02	13 Aqu 21	14 Tau 34
28	04 Aqu 42	09 Tau 18	10 Leo 16	10 Sco 05	16 Aqu 27	17 Tau 32
29	07 Aqu 49	12 Tau 16	13 Leo 12	13 Sco 10	19 Aqu 33	20 Tau 30
30	10 Aqu 56	15 Tau 14	16 Leo 08	16 Sco 14	22 Aqu 39	23 Tau 27
31	14 Aqu 02	18 Tau 12		19 Sco 19		26 Tau 24

2017 (Midnight GMT)

Day	January	February	March	April	May	June
01	29 Tau 21	00 Vir 13	24 Sco 48	01 Psc 14	01 Gem 39	02 Vir 30
02	02 Gem 18	03 Vir 10	27 Sco 54	04 Psc 20	04 Gem 35	05 Vir 28
03	05 Gem 15	06 Vir 07	00 Sag 59	07 Psc 24	07 Gem 31	08 Vir 26
04	08 Gem 11	09 Vir 05	04 Sag 05	10 Psc 29	10 Gem 28	11 Vir 24
05	11 Gem 07	12 Vir 03	07 Sag 11	13 Psc 33	13 Gem 24	14 Vir 22
06	14 Gem 03	15 Vir 02	10 Sag 18	16 Psc 37	16 Gem 20	17 Vir 20
07	16 Gem 59	18 Vir 00	13 Sag 24	19 Psc 41	19 Gem 15	20 Vir 19
08	19 Gem 55	20 Vir 59	16 Sag 31	22 Psc 44	22 Gem 11	23 Vir 19
09	22 Gem 50	23 Vir 59	19 Sag 38	25 Psc 48	25 Gem 07	26 Vir 18
10	25 Gem 46	26 Vir 58	22 Sag 45	28 Psc 50	28 Gem 02	29 Vir 18
11	28 Gem 41	29 Vir 58	25 Sag 52	01 Ari 53	00 Can 57	02 Lib 18
12	01 Can 37	02 Lib 58	28 Sag 59	04 Ari 55	03 Can 53	05 Lib 18
13	04 Can 32	05 Lib 59	02 Cap 06	07 Ari 57	06 Can 48	08 Lib 19
14	07 Can 27	08 Lib 59	05 Cap 14	10 Ari 58	09 Can 43	11 Lib 20
15	10 Can 22	12 Lib 00	08 Cap 21	13 Ari 60	12 Can 38	14 Lib 21
16	13 Can 18	15 Lib 02	11 Cap 28	17 Ari 00	15 Can 34	17 Lib 23
17	16 Can 13	18 Lib 03	14 Cap 36	20 Ari 01	18 Can 29	20 Lib 25
18	19 Can 08	21 Lib 06	17 Cap 43	23 Ari 01	21 Can 24	23 Lib 27
19	22 Can 03	24 Lib 08	20 Cap 50	26 Ari 01	24 Can 20	26 Lib 30
20	24 Can 59	27 Lib 11	23 Cap 58	29 Ari 01	27 Can 15	29 Lib 33
21	27 Can 54	00 Sco 14	27 Cap 05	02 Tau 00	00 Leo 11	02 Sco 36
22	00 Leo 50	03 Sco 17	00 Aqu 12	04 Tau 59	03 Leo 06	05 Sco 39
23	03 Leo 45	06 Sco 20	03 Aqu 19	07 Tau 58	06 Leo 02	08 Sco 43
24	06 Leo 41	09 Sco 24	06 Aqu 26	10 Tau 56	08 Leo 58	11 Sco 47
25	09 Leo 37	12 Sco 29	09 Aqu 32	13 Tau 55	11 Leo 54	14 Sco 52
26	12 Leo 33	15 Sco 33	12 Aqu 39	16 Tau 52	14 Leo 50	17 Sco 57
27	15 Leo 29	18 Sco 38	15 Aqu 45	19 Tau 50	17 Leo 46	21 Sco 01
28	18 Leo 25	21 Sco 43	18 Aqu 52	22 Tau 48	20 Leo 42	24 Sco 07
29	21 Leo 22		21 Aqu 58	25 Tau 45	23 Leo 39	27 Sco 12
30	24 Leo 19		25 Aqu 04	28 Tau 42	26 Leo 36	00 Sag 18
31	27 Leo 15		28 Aqu 09		29 Leo 33	

2017 (Midnight GMT)

Day	July	August	September	October	November	December
01	03 Sag 24	09 Psc 48	12 Gem 44	10 Vir 44	15 Sag 08	18 Psc 19
02	06 Sag 30	12 Psc 52	15 Gem 40	13 Vir 42	18 Sag 14	21 Psc 23
03	09 Sag 36	15 Psc 56	18 Gem 36	16 Vir 41	21 Sag 21	24 Psc 26
04	12 Sag 43	18 Psc 60	21 Gem 32	19 Vir 39	24 Sag 28	27 Psc 29
05	15 Sag 49	22 Psc 03	24 Gem 27	22 Vir 38	27 Sag 35	00 Ari 31
06	18 Sag 56	25 Psc 07	27 Gem 23	25 Vir 38	00 Cap 43	03 Ari 34
07	22 Sag 03	28 Psc 10	00 Can 18	28 Vir 38	03 Cap 50	06 Ari 36
08	25 Sag 10	01 Ari 12	03 Can 14	01 Lib 38	06 Cap 57	09 Ari 37
09	28 Sag 17	04 Ari 14	06 Can 09	04 Lib 38	10 Cap 05	12 Ari 39
10	01 Cap 24	07 Ari 16	09 Can 04	07 Lib 39	13 Cap 12	15 Ari 40
11	04 Cap 32	10 Ari 18	11 Can 59	10 Lib 39	16 Cap 19	18 Ari 40
12	07 Cap 39	13 Ari 19	14 Can 55	13 Lib 41	19 Cap 27	21 Ari 41
13	10 Cap 46	16 Ari 20	17 Can 50	16 Lib 42	22 Cap 34	24 Ari 41
14	13 Cap 54	19 Ari 21	20 Can 45	19 Lib 44	25 Cap 41	27 Ari 41
15	17 Cap 01	22 Ari 21	23 Can 40	22 Lib 46	28 Cap 48	00 Tau 40
16	20 Cap 08	25 Ari 21	26 Can 36	25 Lib 49	01 Aqu 55	03 Tau 39
17	23 Cap 16	28 Ari 21	29 Can 31	28 Lib 52	05 Aqu 02	06 Tau 38
18	26 Cap 23	01 Tau 20	02 Leo 27	01 Sco 55	08 Aqu 09	09 Tau 37
19	29 Cap 30	04 Tau 19	05 Leo 23	04 Sco 58	11 Aqu 16	12 Tau 35
20	02 Aqu 37	07 Tau 18	08 Leo 18	08 Sco 02	14 Aqu 22	15 Tau 33
21	05 Aqu 44	10 Tau 17	11 Leo 14	11 Sco 06	17 Aqu 29	18 Tau 31
22	08 Aqu 51	13 Tau 15	14 Leo 10	14 Sco 11	20 Aqu 35	21 Tau 28
23	11 Aqu 57	16 Tau 13	17 Leo 07	17 Sco 15	23 Aqu 41	24 Tau 26
24	15 Aqu 04	19 Tau 11	20 Leo 03	20 Sco 20	26 Aqu 46	27 Tau 23
25	18 Aqu 10	22 Tau 08	22 Leo 60	23 Sco 25	29 Aqu 52	00 Gem 20
26	21 Aqu 16	25 Tau 05	25 Leo 56	26 Sco 31	02 Psc 57	03 Gem 16
27	24 Aqu 22	28 Tau 02	28 Leo 53	29 Sco 36	06 Psc 02	06 Gem 13
28	27 Aqu 28	00 Gem 59	01 Vir 51	02 Sag 42	09 Psc 07	09 Gem 09
29	00 Psc 33	03 Gem 56	04 Vir 48	05 Sag 48	12 Psc 11	12 Gem 05
30	03 Psc 38	06 Gem 52	07 Vir 46	08 Sag 55	15 Psc 15	15 Gem 01
31	06 Psc 43	09 Gem 48		12 Sag 01		17 Gem 57

2018 (Midnight GMT)

Day	January	February	March	April	May	June
01	20 Gem 53	21 Vir 58	17 Sag 33	23 Psc 45	23 Gem 09	24 Vir 18
02	23 Gem 48	24 Vir 58	20 Sag 40	26 Psc 48	26 Gem 04	27 Vir 17
03	26 Gem 44	27 Vir 57	23 Sag 47	29 Psc 51	28 Gem 60	00 Lib 17
04	29 Gem 39	00 Lib 57	26 Sag 54	02 Ari 53	01 Can 55	03 Lib 17
05	02 Can 34	03 Lib 58	00 Cap 01	05 Ari 55	04 Can 51	06 Lib 18
06	05 Can 30	06 Lib 58	03 Cap 08	08 Ari 57	07 Can 46	09 Lib 19
07	08 Can 25	09 Lib 59	06 Cap 15	11 Ari 58	10 Can 41	12 Lib 20
08	11 Can 20	13 Lib 00	09 Cap 23	14 Ari 59	13 Can 36	15 Lib 21
09	14 Can 15	16 Lib 02	12 Cap 30	18 Ari 00	16 Can 32	18 Lib 23
10	17 Can 11	19 Lib 04	15 Cap 37	21 Ari 00	19 Can 27	21 Lib 25
11	20 Can 06	22 Lib 06	18 Cap 45	24 Ari 01	22 Can 22	24 Lib 27
12	23 Can 01	25 Lib 08	21 Cap 52	27 Ari 00	25 Can 18	27 Lib 30
13	25 Can 57	28 Lib 11	24 Cap 59	00 Tau 00	28 Can 13	00 Sco 33
14	28 Can 52	01 Sco 14	28 Cap 06	02 Tau 59	01 Leo 08	03 Sco 36
15	01 Leo 48	04 Sco 17	01 Aqu 14	05 Tau 58	04 Leo 04	06 Sco 40
16	04 Leo 43	07 Sco 21	04 Aqu 21	08 Tau 57	06 Leo 60	09 Sco 44
17	07 Leo 39	10 Sco 25	07 Aqu 27	11 Tau 55	09 Leo 56	12 Sco 48
18	10 Leo 35	13 Sco 29	10 Aqu 34	14 Tau 53	12 Leo 52	15 Sco 53
19	13 Leo 31	16 Sco 34	13 Aqu 41	17 Tau 51	15 Leo 48	18 Sco 58
20	16 Leo 27	19 Sco 39	16 Aqu 47	20 Tau 49	18 Leo 44	22 Sco 03
21	19 Leo 24	22 Sco 44	19 Aqu 53	23 Tau 46	21 Leo 41	25 Sco 08
22	22 Leo 20	25 Sco 49	22 Aqu 59	26 Tau 43	24 Leo 37	28 Sco 13
23	25 Leo 17	28 Sco 55	26 Aqu 05	29 Tau 40	27 Leo 34	01 Sag 19
24	28 Leo 14	02 Sag 01	29 Aqu 10	02 Gem 37	00 Vir 31	04 Sag 25
25	01 Vir 11	05 Sag 07	02 Psc 16	05 Gem 33	03 Vir 29	07 Sag 31
26	04 Vir 08	08 Sag 13	05 Psc 21	08 Gem 30	06 Vir 26	10 Sag 38
27	07 Vir 06	11 Sag 19	08 Psc 25	11 Gem 26	09 Vir 24	13 Sag 44
28	10 Vir 04	14 Sag 26	11 Psc 30	14 Gem 22	12 Vir 22	16 Sag 51
29	13 Vir 02		14 Psc 34	17 Gem 18	15 Vir 21	19 Sag 58
30	16 Vir 01		17 Psc 38	20 Gem 13	18 Vir 19	23 Sag 05
31	18 Vir 59		20 Psc 42		21 Vir 18	

2018 (Midnight GMT)

Day	July	August	September	October	November	December
01	26 Sag 12	02 Ari 12	04 Can 11	02 Lib 37	07 Cap 59	10 Ari 37
02	29 Sag 19	05 Ari 14	07 Can 07	05 Lib 37	11 Cap 06	13 Ari 38
03	02 Cap 26	08 Ari 16	10 Can 02	08 Lib 38	14 Cap 14	16 Ari 39
04	05 Cap 34	11 Ari 18	12 Can 57	11 Lib 39	17 Cap 21	19 Ari 40
05	08 Cap 41	14 Ari 19	15 Can 52	14 Lib 41	20 Cap 28	22 Ari 40
06	11 Cap 48	17 Ari 20	18 Can 48	17 Lib 42	23 Cap 36	25 Ari 40
07	14 Cap 56	20 Ari 20	21 Can 43	20 Lib 44	26 Cap 43	28 Ari 40
08	18 Cap 03	23 Ari 20	24 Can 38	23 Lib 47	29 Cap 50	01 Tau 39
09	21 Cap 10	26 Ari 20	27 Can 34	26 Lib 49	02 Aqu 57	04 Tau 38
10	24 Cap 18	29 Ari 20	00 Leo 29	29 Lib 52	06 Aqu 04	07 Tau 37
11	27 Cap 25	02 Tau 19	03 Leo 25	02 Sco 55	09 Aqu 11	10 Tau 36
12	00 Aqu 32	05 Tau 18	06 Leo 21	05 Sco 59	12 Aqu 17	13 Tau 34
13	03 Aqu 39	08 Tau 17	09 Leo 16	09 Sco 03	15 Aqu 24	16 Tau 32
14	06 Aqu 46	11 Tau 15	12 Leo 12	12 Sco 07	18 Aqu 30	19 Tau 29
15	09 Aqu 52	14 Tau 14	15 Leo 08	15 Sco 12	21 Aqu 36	22 Tau 27
16	12 Aqu 59	17 Tau 11	18 Leo 05	18 Sco 16	24 Aqu 42	25 Tau 24
17	16 Aqu 05	20 Tau 09	21 Leo 01	21 Sco 21	27 Aqu 47	28 Tau 21
18	19 Aqu 12	23 Tau 07	23 Leo 58	24 Sco 26	00 Psc 53	01 Gem 18
19	22 Aqu 18	26 Tau 04	26 Leo 55	27 Sco 32	03 Psc 58	04 Gem 15
20	25 Aqu 23	29 Tau 01	29 Leo 52	00 Sag 38	07 Psc 03	07 Gem 11
21	28 Aqu 29	01 Gem 57	02 Vir 49	03 Sag 44	10 Psc 07	10 Gem 07
22	01 Psc 34	04 Gem 54	05 Vir 47	06 Sag 50	13 Psc 12	13 Gem 03
23	04 Psc 39	07 Gem 50	08 Vir 45	09 Sag 56	16 Psc 16	15 Gem 59
24	07 Psc 44	10 Gem 46	11 Vir 43	13 Sag 03	19 Psc 20	18 Gem 55
25	10 Psc 49	13 Gem 43	14 Vir 41	16 Sag 09	22 Psc 23	21 Gem 51
26	13 Psc 53	16 Gem 38	17 Vir 40	19 Sag 16	25 Psc 26	24 Gem 46
27	16 Psc 57	19 Gem 34	20 Vir 38	22 Sag 23	28 Psc 29	27 Gem 42
28	20 Psc 01	22 Gem 30	23 Vir 38	25 Sag 30	01 Ari 32	00 Can 37
29	23 Psc 04	25 Gem 25	26 Vir 37	28 Sag 37	04 Ari 34	03 Can 32
30	26 Psc 07	28 Gem 21	29 Vir 37	01 Cap 44	07 Ari 36	06 Can 28
31	29 Psc 10	01 Can 16		04 Cap 52		09 Can 23

2019 (Midnight GMT)

Day	January	February	March	April	May	June
01	12 Can 18	14 Lib 00	10 Cap 25	15 Ari 59	14 Can 34	16 Lib 21
02	15 Can 13	17 Lib 02	13 Cap 32	18 Ari 60	17 Can 29	19 Lib 23
03	18 Can 09	20 Lib 04	16 Cap 39	21 Ari 60	20 Can 25	22 Lib 25
04	21 Can 04	23 Lib 06	19 Cap 47	25 Ari 00	23 Can 20	25 Lib 28
05	23 Can 59	26 Lib 08	22 Cap 54	27 Ari 60	26 Can 15	28 Lib 30
06	26 Can 55	29 Lib 11	26 Cap 01	00 Tau 59	29 Can 11	01 Sco 34
07	29 Can 50	02 Sco 15	29 Cap 08	03 Tau 58	02 Leo 06	04 Sco 37
08	02 Leo 46	05 Sco 18	02 Aqu 15	06 Tau 57	05 Leo 02	07 Sco 41
09	05 Leo 41	08 Sco 22	05 Aqu 22	09 Tau 56	07 Leo 58	10 Sco 45
10	08 Leo 37	11 Sco 26	08 Aqu 29	12 Tau 54	10 Leo 54	13 Sco 49
11	11 Leo 33	14 Sco 30	11 Aqu 36	15 Tau 52	13 Leo 50	16 Sco 54
12	14 Leo 29	17 Sco 35	14 Aqu 42	18 Tau 50	16 Leo 46	19 Sco 59
13	17 Leo 25	20 Sco 40	17 Aqu 48	21 Tau 47	19 Leo 42	23 Sco 04
14	20 Leo 22	23 Sco 45	20 Aqu 54	24 Tau 45	22 Leo 39	26 Sco 09
15	23 Leo 18	26 Sco 50	24 Aqu 00	27 Tau 42	25 Leo 36	29 Sco 15
16	26 Leo 15	29 Sco 56	27 Aqu 06	00 Gem 38	28 Leo 33	02 Sag 21
17	29 Leo 12	03 Sag 02	00 Psc 12	03 Gem 35	01 Vir 30	05 Sag 27
18	02 Vir 10	06 Sag 08	03 Psc 17	06 Gem 32	04 Vir 27	08 Sag 33
19	05 Vir 07	09 Sag 14	06 Psc 22	09 Gem 28	07 Vir 25	11 Sag 39
20	08 Vir 05	12 Sag 21	09 Psc 26	12 Gem 24	10 Vir 23	14 Sag 46
21	11 Vir 03	15 Sag 28	12 Psc 31	15 Gem 20	13 Vir 21	17 Sag 53
22	14 Vir 01	18 Sag 34	15 Psc 35	18 Gem 16	16 Vir 20	20 Sag 59
23	16 Vir 60	21 Sag 41	18 Psc 39	21 Gem 11	19 Vir 19	24 Sag 06
24	19 Vir 59	24 Sag 48	21 Psc 42	24 Gem 07	22 Vir 18	27 Sag 14
25	22 Vir 58	27 Sag 55	24 Psc 45	27 Gem 02	25 Vir 17	00 Cap 21
26	25 Vir 57	01 Cap 03	27 Psc 48	29 Gem 58	28 Vir 17	03 Cap 28
27	28 Vir 57	04 Cap 10	00 Ari 51	02 Can 53	01 Lib 17	06 Cap 35
28	01 Lib 57	07 Cap 17	03 Ari 53	05 Can 48	04 Lib 17	09 Cap 43
29	04 Lib 57		06 Ari 55	08 Can 44	07 Lib 17	12 Cap 50
30	07 Lib 58		09 Ari 57	11 Can 39	10 Lib 18	15 Cap 57
31	10 Lib 59		12 Ari 58		13 Lib 20	

2019 (Midnight GMT)

Day	July	August	September	October	November	December
01	19 Cap 05	24 Ari 20	25 Can 36	24 Lib 47	00 Aqu 52	02 Tau 38
02	22 Cap 12	27 Ari 20	28 Can 32	27 Lib 50	03 Aqu 59	05 Tau 37
03	25 Cap 19	00 Tau 19	01 Leo 27	00 Sco 53	07 Aqu 06	08 Tau 36
04	28 Cap 26	03 Tau 18	04 Leo 23	03 Sco 56	10 Aqu 12	11 Tau 34
05	01 Aqu 34	06 Tau 17	07 Leo 19	06 Sco 60	13 Aqu 19	14 Tau 33
06	04 Aqu 40	09 Tau 16	10 Leo 14	10 Sco 04	16 Aqu 25	17 Tau 30
07	07 Aqu 47	12 Tau 14	13 Leo 10	13 Sco 08	19 Aqu 31	20 Tau 28
08	10 Aqu 54	15 Tau 12	16 Leo 07	16 Sco 12	22 Aqu 37	23 Tau 25
09	14 Aqu 00	18 Tau 10	19 Leo 03	19 Sco 17	25 Aqu 43	26 Tau 23
10	17 Aqu 07	21 Tau 08	21 Leo 60	22 Sco 22	28 Aqu 49	29 Tau 20
11	20 Aqu 13	24 Tau 05	24 Leo 56	25 Sco 28	01 Psc 54	02 Gem 16
12	23 Aqu 19	27 Tau 02	27 Leo 53	28 Sco 33	04 Psc 59	05 Gem 13
13	26 Aqu 25	29 Tau 59	00 Vir 50	01 Sag 39	08 Psc 04	08 Gem 09
14	29 Aqu 30	02 Gem 56	03 Vir 48	04 Sag 45	11 Psc 08	11 Gem 05
15	02 Psc 35	05 Gem 52	06 Vir 45	07 Sag 51	14 Psc 13	14 Gem 01
16	05 Psc 40	08 Gem 48	09 Vir 43	10 Sag 58	17 Psc 17	16 Gem 57
17	08 Psc 45	11 Gem 45	12 Vir 41	14 Sag 04	20 Psc 20	19 Gem 53
18	11 Psc 50	14 Gem 41	15 Vir 40	17 Sag 11	23 Psc 24	22 Gem 49
19	14 Psc 54	17 Gem 36	18 Vir 39	20 Sag 18	26 Psc 27	25 Gem 44
20	17 Psc 58	20 Gem 32	21 Vir 38	23 Sag 25	29 Psc 29	28 Gem 39
21	21 Psc 01	23 Gem 28	24 Vir 37	26 Sag 32	02 Ari 32	01 Can 35
22	24 Psc 04	26 Gem 23	27 Vir 36	29 Sag 39	05 Ari 34	04 Can 30
23	27 Psc 07	29 Gem 19	00 Lib 36	02 Cap 46	08 Ari 36	07 Can 25
24	00 Ari 10	02 Can 14	03 Lib 37	05 Cap 54	11 Ari 37	10 Can 21
25	03 Ari 12	05 Can 09	06 Lib 37	09 Cap 01	14 Ari 38	13 Can 16
26	06 Ari 14	08 Can 05	09 Lib 38	12 Cap 08	17 Ari 39	16 Can 11
27	09 Ari 16	10 Can 60	12 Lib 39	15 Cap 16	20 Ari 39	19 Can 06
28	12 Ari 18	13 Can 55	15 Lib 41	18 Cap 23	23 Ari 40	22 Can 02
29	15 Ari 19	16 Can 50	18 Lib 42	21 Cap 30	26 Ari 40	24 Can 57
30	18 Ari 19	19 Can 46	21 Lib 44	24 Cap 37	29 Ari 39	27 Can 53
31	21 Ari 20	22 Can 41		27 Cap 45		00 Leo 48

2020 (Midnight GMT)

Day	January	February	March	April	May	June
01	03 Leo 44	06 Sco 19	06 Aqu 24	10 Tau 55	08 Leo 56	11 Sco 46
02	06 Leo 39	09 Sco 23	09 Aqu 31	13 Tau 53	11 Leo 52	14 Sco 50
03	09 Leo 35	12 Sco 27	12 Aqu 37	16 Tau 51	14 Leo 48	17 Sco 55
04	12 Leo 31	15 Sco 31	15 Aqu 44	19 Tau 48	17 Leo 44	20 Sco 60
05	15 Leo 27	18 Sco 36	18 Aqu 50	22 Tau 46	20 Leo 41	24 Sco 05
06	18 Leo 24	21 Sco 41	21 Aqu 56	25 Tau 43	23 Leo 37	27 Sco 10
07	21 Leo 20	24 Sco 46	25 Aqu 02	28 Tau 40	26 Leo 34	00 Sag 16
08	24 Leo 17	27 Sco 52	28 Aqu 07	01 Gem 37	29 Leo 31	03 Sag 22
09	27 Leo 14	00 Sag 57	01 Psc 13	04 Gem 33	02 Vir 29	06 Sag 28
10	00 Vir 11	04 Sag 03	04 Psc 18	07 Gem 30	05 Vir 26	09 Sag 34
11	03 Vir 08	07 Sag 10	07 Psc 23	10 Gem 26	08 Vir 24	12 Sag 41
12	06 Vir 06	10 Sag 16	10 Psc 27	13 Gem 22	11 Vir 22	15 Sag 47
13	09 Vir 04	13 Sag 22	13 Psc 31	16 Gem 18	14 Vir 20	18 Sag 54
14	12 Vir 02	16 Sag 29	16 Psc 35	19 Gem 14	17 Vir 19	22 Sag 01
15	15 Vir 00	19 Sag 36	19 Psc 39	22 Gem 09	20 Vir 18	25 Sag 08
16	17 Vir 59	22 Sag 43	22 Psc 43	25 Gem 05	23 Vir 17	28 Sag 15
17	20 Vir 58	25 Sag 50	25 Psc 46	28 Gem 00	26 Vir 16	01 Cap 23
18	23 Vir 57	28 Sag 57	28 Psc 49	00 Can 56	29 Vir 16	04 Cap 30
19	26 Vir 56	02 Cap 04	01 Ari 51	03 Can 51	02 Lib 16	07 Cap 37
20	29 Vir 56	05 Cap 12	04 Ari 53	06 Can 46	05 Lib 16	10 Cap 45
21	02 Lib 56	08 Cap 19	07 Ari 55	09 Can 42	08 Lib 17	13 Cap 52
22	05 Lib 57	11 Cap 26	10 Ari 57	12 Can 37	11 Lib 18	16 Cap 59
23	08 Lib 58	14 Cap 34	13 Ari 58	15 Can 32	14 Lib 19	20 Cap 07
24	11 Lib 59	17 Cap 41	16 Ari 59	18 Can 27	17 Lib 21	23 Cap 14
25	14 Lib 60	20 Cap 48	19 Ari 59	21 Can 23	20 Lib 23	26 Cap 21
26	18 Lib 02	23 Cap 56	22 Ari 59	24 Can 18	23 Lib 25	29 Cap 28
27	21 Lib 04	27 Cap 03	25 Ari 59	27 Can 13	26 Lib 28	02 Aqu 35
28	24 Lib 06	00 Aqu 10	28 Ari 59	00 Leo 09	29 Lib 31	05 Aqu 42
29	27 Lib 09	03 Aqu 17	01 Tau 58	03 Leo 04	02 Sco 34	08 Aqu 49
30	00 Sco 12		04 Tau 57	06 Leo 00	05 Sco 38	11 Aqu 56
31	03 Sco 15		07 Tau 56		08 Sco 41	

2020 (Midnight GMT)

Day	July	August	September	October	November	December
01	15 Aqu 02	19 Tau 09	20 Leo 01	20 Sco 18	26 Aqu 44	27 Tau 21
02	18 Aqu 08	22 Tau 06	22 Leo 58	23 Sco 23	29 Aqu 50	00 Gem 18
03	21 Aqu 14	25 Tau 04	25 Leo 55	26 Sco 29	02 Psc 55	03 Gem 15
04	24 Aqu 20	28 Tau 01	28 Leo 52	29 Sco 35	06 Psc 00	06 Gem 11
05	27 Aqu 26	00 Gem 57	01 Vir 49	02 Sag 40	09 Psc 05	09 Gem 07
06	00 Psc 31	03 Gem 54	04 Vir 46	05 Sag 46	12 Psc 09	12 Gem 03
07	03 Psc 36	06 Gem 50	07 Vir 44	08 Sag 53	15 Psc 13	14 Gem 59
08	06 Psc 41	09 Gem 47	10 Vir 42	11 Sag 59	18 Psc 17	17 Gem 55
09	09 Psc 46	12 Gem 43	13 Vir 40	15 Sag 06	21 Psc 21	20 Gem 51
10	12 Psc 50	15 Gem 39	16 Vir 39	18 Sag 13	24 Psc 24	23 Gem 46
11	15 Psc 54	18 Gem 34	19 Vir 38	21 Sag 19	27 Psc 27	26 Gem 42
12	18 Psc 58	21 Gem 30	22 Vir 37	24 Sag 26	00 Ari 30	29 Gem 37
13	22 Psc 02	24 Gem 26	25 Vir 36	27 Sag 34	03 Ari 32	02 Can 33
14	25 Psc 05	27 Gem 21	28 Vir 36	00 Cap 41	06 Ari 34	05 Can 28
15	28 Psc 08	00 Can 17	01 Lib 36	03 Cap 48	09 Ari 36	08 Can 23
16	01 Ari 10	03 Can 12	04 Lib 36	06 Cap 55	12 Ari 37	11 Can 19
17	04 Ari 13	06 Can 07	07 Lib 37	10 Cap 03	15 Ari 38	14 Can 14
18	07 Ari 14	09 Can 02	10 Lib 38	13 Cap 10	18 Ari 39	17 Can 09
19	10 Ari 16	11 Can 58	13 Lib 39	16 Cap 17	21 Ari 39	20 Can 04
20	13 Ari 17	14 Can 53	16 Lib 41	19 Cap 25	24 Ari 39	22 Can 60
21	16 Ari 18	17 Can 48	19 Lib 42	22 Cap 32	27 Ari 39	25 Can 55
22	19 Ari 19	20 Can 43	22 Lib 45	25 Cap 39	00 Tau 38	28 Can 50
23	22 Ari 19	23 Can 39	25 Lib 47	28 Cap 46	03 Tau 37	01 Leo 46
24	25 Ari 19	26 Can 34	28 Lib 50	01 Aqu 53	06 Tau 36	04 Leo 42
25	28 Ari 19	29 Can 30	01 Sco 53	05 Aqu 00	09 Tau 35	07 Leo 37
26	01 Tau 18	02 Leo 25	04 Sco 57	08 Aqu 07	12 Tau 33	10 Leo 33
27	04 Tau 17	05 Leo 21	08 Sco 00	11 Aqu 14	15 Tau 31	13 Leo 29
28	07 Tau 16	08 Leo 17	11 Sco 04	14 Aqu 20	18 Tau 29	16 Leo 25
29	10 Tau 15	11 Leo 13	14 Sco 09	17 Aqu 27	21 Tau 27	19 Leo 22
30	13 Tau 13	14 Leo 09	17 Sco 13	20 Aqu 33	24 Tau 24	22 Leo 18
31	16 Tau 11	17 Leo 05		23 Aqu 39		25 Leo 15

2021 (Midnight GMT)

Day	January	February	March	April	May	June
01	28 Leo 12	01 Sag 59	29 Aqu 09	02 Gem 35	00 Vir 30	04 Sag 23
02	01 Vir 09	05 Sag 05	02 Psc 14	05 Gem 32	03 Vir 27	07 Sag 29
03	04 Vir 07	08 Sag 11	05 Psc 19	08 Gem 28	06 Vir 25	10 Sag 36
04	07 Vir 04	11 Sag 18	08 Psc 24	11 Gem 24	09 Vir 23	13 Sag 42
05	10 Vir 02	14 Sag 24	11 Psc 28	14 Gem 20	12 Vir 21	16 Sag 49
06	13 Vir 01	17 Sag 31	14 Psc 32	17 Gem 16	15 Vir 19	19 Sag 56
07	15 Vir 59	20 Sag 38	17 Psc 36	20 Gem 12	18 Vir 18	23 Sag 03
08	18 Vir 58	23 Sag 45	20 Psc 40	23 Gem 07	21 Vir 17	26 Sag 10
09	21 Vir 57	26 Sag 52	23 Psc 43	26 Gem 03	24 Vir 16	29 Sag 17
10	24 Vir 56	29 Sag 59	26 Psc 46	28 Gem 58	27 Vir 16	02 Cap 24
11	27 Vir 56	03 Cap 06	29 Psc 49	01 Can 54	00 Lib 15	05 Cap 32
12	00 Lib 56	06 Cap 14	02 Ari 51	04 Can 49	03 Lib 16	08 Cap 39
13	03 Lib 56	09 Cap 21	05 Ari 53	07 Can 44	06 Lib 16	11 Cap 46
14	06 Lib 56	12 Cap 28	08 Ari 55	10 Can 39	09 Lib 17	14 Cap 54
15	09 Lib 57	15 Cap 36	11 Ari 56	13 Can 35	12 Lib 18	18 Cap 01
16	12 Lib 58	18 Cap 43	14 Ari 57	16 Can 30	15 Lib 19	21 Cap 08
17	15 Lib 60	21 Cap 50	17 Ari 58	19 Can 25	18 Lib 21	24 Cap 16
18	19 Lib 02	24 Cap 57	20 Ari 59	22 Can 20	21 Lib 23	27 Cap 23
19	22 Lib 04	28 Cap 05	23 Ari 59	25 Can 16	24 Lib 26	00 Aqu 30
20	25 Lib 06	01 Aqu 12	26 Ari 59	28 Can 11	27 Lib 28	03 Aqu 37
21	28 Lib 09	04 Aqu 19	29 Ari 58	01 Leo 07	00 Sco 31	06 Aqu 44
22	01 Sco 12	07 Aqu 26	02 Tau 58	04 Leo 02	03 Sco 35	09 Aqu 51
23	04 Sco 16	10 Aqu 32	05 Tau 56	06 Leo 58	06 Sco 38	12 Aqu 57
24	07 Sco 19	13 Aqu 39	08 Tau 55	09 Leo 54	09 Sco 42	16 Aqu 04
25	10 Sco 23	16 Aqu 45	11 Tau 53	12 Leo 50	12 Sco 46	19 Aqu 10
26	13 Sco 28	19 Aqu 51	14 Tau 52	15 Leo 46	15 Sco 51	22 Aqu 16
27	16 Sco 32	22 Aqu 57	17 Tau 49	18 Leo 42	18 Sco 56	25 Aqu 22
28	19 Sco 37	26 Aqu 03	20 Tau 47	21 Leo 39	22 Sco 01	28 Aqu 27
29	22 Sco 42		23 Tau 44	24 Leo 36	25 Sco 06	01 Psc 32
30	25 Sco 47		26 Tau 42	27 Leo 33	28 Sco 12	04 Psc 38
31	28 Sco 53		29 Tau 38		01 Sag 17	

2021 (Midnight GMT)

Day	July	August	September	October	November	December
01	07 Psc 42	10 Gem 45	11 Vir 41	13 Sag 01	19 Psc 18	18 Gem 53
02	10 Psc 47	13 Gem 41	14 Vir 39	16 Sag 07	22 Psc 21	21 Gem 49
03	13 Psc 51	16 Gem 37	17 Vir 38	19 Sag 14	25 Psc 24	24 Gem 44
04	16 Psc 55	19 Gem 32	20 Vir 37	22 Sag 21	28 Psc 27	27 Gem 40
05	19 Psc 59	22 Gem 28	23 Vir 36	25 Sag 28	01 Ari 30	00 Can 35
06	23 Psc 02	25 Gem 24	26 Vir 35	28 Sag 35	04 Ari 32	03 Can 31
07	26 Psc 05	28 Gem 19	29 Vir 35	01 Cap 43	07 Ari 34	06 Can 26
08	29 Psc 08	01 Can 14	02 Lib 35	04 Cap 50	10 Ari 35	09 Can 21
09	02 Ari 10	04 Can 10	05 Lib 36	07 Cap 57	13 Ari 37	12 Can 16
10	05 Ari 13	07 Can 05	08 Lib 36	11 Cap 05	16 Ari 38	15 Can 12
11	08 Ari 14	10 Can 00	11 Lib 37	14 Cap 12	19 Ari 38	18 Can 07
12	11 Ari 16	12 Can 55	14 Lib 39	17 Cap 19	22 Ari 38	21 Can 02
13	14 Ari 17	15 Can 51	17 Lib 41	20 Cap 27	25 Ari 38	23 Can 57
14	17 Ari 18	18 Can 46	20 Lib 43	23 Cap 34	28 Ari 38	26 Can 53
15	20 Ari 18	21 Can 41	23 Lib 45	26 Cap 41	01 Tau 37	29 Can 48
16	23 Ari 19	24 Can 37	26 Lib 47	29 Cap 48	04 Tau 37	02 Leo 44
17	26 Ari 19	27 Can 32	29 Lib 50	02 Aqu 55	07 Tau 35	05 Leo 40
18	29 Ari 18	00 Leo 28	02 Sco 54	06 Aqu 02	10 Tau 34	08 Leo 35
19	02 Tau 18	03 Leo 23	05 Sco 57	09 Aqu 09	13 Tau 32	11 Leo 31
20	05 Tau 17	06 Leo 19	09 Sco 01	12 Aqu 15	16 Tau 30	14 Leo 27
21	08 Tau 15	09 Leo 15	12 Sco 05	15 Aqu 22	19 Tau 28	17 Leo 24
22	11 Tau 14	12 Leo 11	15 Sco 10	18 Aqu 28	22 Tau 25	20 Leo 20
23	14 Tau 12	15 Leo 07	18 Sco 14	21 Aqu 34	25 Tau 22	23 Leo 17
24	17 Tau 10	18 Leo 03	21 Sco 19	24 Aqu 40	28 Tau 19	26 Leo 14
25	20 Tau 07	20 Leo 60	24 Sco 25	27 Aqu 46	01 Gem 16	29 Leo 11
26	23 Tau 05	23 Leo 56	27 Sco 30	00 Psc 51	04 Gem 13	02 Vir 08
27	26 Tau 02	26 Leo 53	00 Sag 36	03 Psc 56	07 Gem 09	05 Vir 05
28	28 Tau 59	29 Leo 50	03 Sag 42	07 Psc 01	10 Gem 05	08 Vir 03
29	01 Gem 56	02 Vir 47	06 Sag 48	10 Psc 06	13 Gem 02	11 Vir 01
30	04 Gem 52	05 Vir 45	09 Sag 54	13 Psc 10	15 Gem 57	13 Vir 59
31	07 Gem 49	08 Vir 43		16 Psc 14		16 Vir 58

2022 (Midnight GMT)

Day	January	February	March	April	May	June
01	19 Vir 57	24 Sag 46	21 Psc 40	24 Gem 05	22 Vir 16	27 Sag 12
02	22 Vir 56	27 Sag 54	24 Psc 44	27 Gem 01	25 Vir 15	00 Cap 19
03	25 Vir 55	01 Cap 01	27 Psc 46	29 Gem 56	28 Vir 15	03 Cap 26
04	28 Vir 55	04 Cap 08	00 Ari 49	02 Can 51	01 Lib 15	06 Cap 34
05	01 Lib 55	07 Cap 15	03 Ari 51	05 Can 47	04 Lib 15	09 Cap 41
06	04 Lib 55	10 Cap 23	06 Ari 53	08 Can 42	07 Lib 16	12 Cap 48
07	07 Lib 56	13 Cap 30	09 Ari 55	11 Can 37	10 Lib 17	15 Cap 56
08	10 Lib 57	16 Cap 37	12 Ari 56	14 Can 32	13 Lib 18	19 Cap 03
09	13 Lib 58	19 Cap 45	15 Ari 57	17 Can 28	16 Lib 19	22 Cap 10
10	16 Lib 60	22 Cap 52	18 Ari 58	20 Can 23	19 Lib 21	25 Cap 17
11	20 Lib 02	25 Cap 59	21 Ari 58	23 Can 18	22 Lib 23	28 Cap 25
12	23 Lib 04	29 Cap 06	24 Ari 58	26 Can 14	25 Lib 26	01 Aqu 32
13	26 Lib 07	02 Aqu 13	27 Ari 58	29 Can 09	28 Lib 29	04 Aqu 39
14	29 Lib 10	05 Aqu 20	00 Tau 57	02 Leo 05	01 Sco 32	07 Aqu 45
15	02 Sco 13	08 Aqu 27	03 Tau 57	05 Leo 00	04 Sco 35	10 Aqu 52
16	05 Sco 16	11 Aqu 34	06 Tau 55	07 Leo 56	07 Sco 39	13 Aqu 59
17	08 Sco 20	14 Aqu 40	09 Tau 54	10 Leo 52	10 Sco 43	17 Aqu 05
18	11 Sco 24	17 Aqu 47	12 Tau 52	13 Leo 48	13 Sco 47	20 Aqu 11
19	14 Sco 29	20 Aqu 53	15 Tau 50	16 Leo 44	16 Sco 52	23 Aqu 17
20	17 Sco 33	23 Aqu 59	18 Tau 48	19 Leo 41	19 Sco 57	26 Aqu 23
21	20 Sco 38	27 Aqu 04	21 Tau 46	22 Leo 37	23 Sco 02	29 Aqu 28
22	23 Sco 43	00 Psc 10	24 Tau 43	25 Leo 34	26 Sco 07	02 Psc 34
23	26 Sco 49	03 Psc 15	27 Tau 40	28 Leo 31	29 Sco 13	05 Psc 39
24	29 Sco 54	06 Psc 20	00 Gem 37	01 Vir 28	02 Sag 19	08 Psc 43
25	03 Sag 00	09 Psc 24	03 Gem 33	04 Vir 26	05 Sag 25	11 Psc 48
26	06 Sag 06	12 Psc 29	06 Gem 30	07 Vir 23	08 Sag 31	14 Psc 52
27	09 Sag 13	15 Psc 33	09 Gem 26	10 Vir 21	11 Sag 37	17 Psc 56
28	12 Sag 19	18 Psc 37	12 Gem 22	13 Vir 20	14 Sag 44	20 Psc 59
29	15 Sag 26		15 Gem 18	16 Vir 18	17 Sag 51	24 Psc 03
30	18 Sag 32		18 Gem 14	19 Vir 17	20 Sag 58	27 Psc 06
31	21 Sag 39		21 Gem 10		24 Sag 05	

2022 (Midnight GMT)

Day	July	August	September	October	November	December
01	00 Ari 08	02 Can 12	03 Lib 35	05 Cap 52	11 Ari 35	10 Can 19
02	03 Ari 11	05 Can 08	06 Lib 35	08 Cap 59	14 Ari 36	13 Can 14
03	06 Ari 13	08 Can 03	09 Lib 36	12 Cap 06	17 Ari 37	16 Can 09
04	09 Ari 14	10 Can 58	12 Lib 37	15 Cap 14	20 Ari 38	19 Can 05
05	12 Ari 16	13 Can 53	15 Lib 39	18 Cap 21	23 Ari 38	22 Can 00
06	15 Ari 17	16 Can 49	18 Lib 41	21 Cap 28	26 Ari 38	24 Can 55
07	18 Ari 18	19 Can 44	21 Lib 43	24 Cap 36	29 Ari 37	27 Can 51
08	21 Ari 18	22 Can 39	24 Lib 45	27 Cap 43	02 Tau 37	00 Leo 46
09	24 Ari 18	25 Can 35	27 Lib 48	00 Aqu 50	05 Tau 36	03 Leo 42
10	27 Ari 18	28 Can 30	00 Sco 51	03 Aqu 57	08 Tau 34	06 Leo 38
11	00 Tau 17	01 Leo 26	03 Sco 54	07 Aqu 04	11 Tau 33	09 Leo 33
12	03 Tau 17	04 Leo 21	06 Sco 58	10 Aqu 10	14 Tau 31	12 Leo 29
13	06 Tau 16	07 Leo 17	10 Sco 02	13 Aqu 17	17 Tau 29	15 Leo 26
14	09 Tau 14	10 Leo 13	13 Sco 06	16 Aqu 23	20 Tau 26	18 Leo 22
15	12 Tau 13	13 Leo 09	16 Sco 11	19 Aqu 30	23 Tau 24	21 Leo 18
16	15 Tau 11	16 Leo 05	19 Sco 15	22 Aqu 36	26 Tau 21	24 Leo 15
17	18 Tau 08	19 Leo 01	22 Sco 21	25 Aqu 41	29 Tau 18	27 Leo 12
18	21 Tau 06	21 Leo 58	25 Sco 26	28 Aqu 47	02 Gem 15	00 Vir 09
19	24 Tau 03	24 Leo 55	28 Sco 31	01 Psc 52	05 Gem 11	03 Vir 06
20	27 Tau 00	27 Leo 51	01 Sag 37	04 Psc 57	08 Gem 07	06 Vir 04
21	29 Tau 57	00 Vir 49	04 Sag 43	08 Psc 02	11 Gem 04	09 Vir 02
22	02 Gem 54	03 Vir 46	07 Sag 49	11 Psc 07	13 Gem 60	11 Vir 60
23	05 Gem 50	06 Vir 44	10 Sag 56	14 Psc 11	16 Gem 55	14 Vir 58
24	08 Gem 47	09 Vir 42	14 Sag 02	17 Psc 15	19 Gem 51	17 Vir 57
25	11 Gem 43	12 Vir 40	17 Sag 09	20 Psc 18	22 Gem 47	20 Vir 56
26	14 Gem 39	15 Vir 38	20 Sag 16	23 Psc 22	25 Gem 42	23 Vir 55
27	17 Gem 35	18 Vir 37	23 Sag 23	26 Psc 25	28 Gem 38	26 Vir 55
28	20 Gem 30	21 Vir 36	26 Sag 30	29 Psc 28	01 Can 33	29 Vir 54
29	23 Gem 26	24 Vir 35	29 Sag 37	02 Ari 30	04 Can 28	02 Lib 55
30	26 Gem 22	27 Vir 35	02 Cap 44	05 Ari 32	07 Can 24	05 Lib 55
31	29 Gem 17	00 Lib 35		08 Ari 34		08 Lib 56

2023 (Midnight GMT)

Day	January	February	March	April	May	June
01	11 Lib 57	17 Cap 39	13 Ari 56	15 Can 30	14 Lib 18	20 Cap 05
02	14 Lib 58	20 Cap 47	16 Ari 57	18 Can 26	17 Lib 19	23 Cap 12
03	17 Lib 60	23 Cap 54	19 Ari 57	21 Can 21	20 Lib 21	26 Cap 19
04	21 Lib 02	27 Cap 01	22 Ari 58	24 Can 16	23 Lib 24	29 Cap 26
05	24 Lib 04	00 Aqu 08	25 Ari 58	27 Can 12	26 Lib 26	02 Aqu 33
06	27 Lib 07	03 Aqu 15	28 Ari 57	00 Leo 07	29 Lib 29	05 Aqu 40
07	00 Sco 10	06 Aqu 22	01 Tau 57	03 Leo 03	02 Sco 32	08 Aqu 47
08	03 Sco 13	09 Aqu 29	04 Tau 56	05 Leo 58	05 Sco 36	11 Aqu 54
09	06 Sco 17	12 Aqu 35	07 Tau 54	08 Leo 54	08 Sco 40	15 Aqu 00
10	09 Sco 21	15 Aqu 42	10 Tau 53	11 Leo 50	11 Sco 44	18 Aqu 06
11	12 Sco 25	18 Aqu 48	13 Tau 51	14 Leo 46	14 Sco 48	21 Aqu 13
12	15 Sco 29	21 Aqu 54	16 Tau 49	17 Leo 43	17 Sco 53	24 Aqu 18
13	18 Sco 34	24 Aqu 60	19 Tau 47	20 Leo 39	20 Sco 58	27 Aqu 24
14	21 Sco 39	28 Aqu 05	22 Tau 44	23 Leo 36	24 Sco 03	00 Psc 29
15	24 Sco 44	01 Psc 11	25 Tau 41	26 Leo 32	27 Sco 09	03 Psc 35
16	27 Sco 50	04 Psc 16	28 Tau 38	29 Leo 30	00 Sag 14	06 Psc 40
17	00 Sag 56	07 Psc 21	01 Gem 35	02 Vir 27	03 Sag 20	09 Psc 44
18	04 Sag 02	10 Psc 25	04 Gem 32	05 Vir 24	06 Sag 26	12 Psc 49
19	07 Sag 08	13 Psc 30	07 Gem 28	08 Vir 22	09 Sag 33	15 Psc 53
20	10 Sag 14	16 Psc 34	10 Gem 24	11 Vir 20	12 Sag 39	18 Psc 56
21	13 Sag 21	19 Psc 37	13 Gem 20	14 Vir 18	15 Sag 46	21 Psc 60
22	16 Sag 27	22 Psc 41	16 Gem 16	17 Vir 17	18 Sag 52	25 Psc 03
23	19 Sag 34	25 Psc 44	19 Gem 12	20 Vir 16	21 Sag 59	28 Psc 06
24	22 Sag 41	28 Psc 47	22 Gem 08	23 Vir 15	25 Sag 06	01 Ari 09
25	25 Sag 48	01 Ari 49	25 Gem 03	26 Vir 14	28 Sag 14	04 Ari 11
26	28 Sag 55	04 Ari 51	27 Gem 59	29 Vir 14	01 Cap 21	07 Ari 13
27	02 Cap 03	07 Ari 53	00 Can 54	02 Lib 14	04 Cap 28	10 Ari 14
28	05 Cap 10	10 Ari 55	03 Can 49	05 Lib 15	07 Cap 35	13 Ari 16
29	08 Cap 17		06 Can 45	08 Lib 15	10 Cap 43	16 Ari 17
30	11 Cap 25		09 Can 40	11 Lib 16	13 Cap 50	19 Ari 17
31	14 Cap 32		12 Can 35		16 Cap 57	

2023 (Midnight GMT)

Day	July	August	September	October	November	December
01	22 Ari 17	23 Can 37	25 Lib 45	28 Cap 45	03 Tau 36	01 Leo 44
02	25 Ari 17	26 Can 32	28 Lib 48	01 Aqu 52	06 Tau 35	04 Leo 40
03	28 Ari 17	29 Can 28	01 Sco 51	04 Aqu 59	09 Tau 33	07 Leo 36
04	01 Tau 17	02 Leo 23	04 Sco 55	08 Aqu 05	12 Tau 32	10 Leo 32
05	04 Tau 16	05 Leo 19	07 Sco 59	11 Aqu 12	15 Tau 30	13 Leo 28
06	07 Tau 15	08 Leo 15	11 Sco 03	14 Aqu 19	18 Tau 27	16 Leo 24
07	10 Tau 13	11 Leo 11	14 Sco 07	17 Aqu 25	21 Tau 25	19 Leo 20
08	13 Tau 11	14 Leo 07	17 Sco 12	20 Aqu 31	24 Tau 22	22 Leo 17
09	16 Tau 09	17 Leo 03	20 Sco 17	23 Aqu 37	27 Tau 19	25 Leo 13
10	19 Tau 07	19 Leo 60	23 Sco 22	26 Aqu 43	00 Gem 16	28 Leo 10
11	22 Tau 05	22 Leo 56	26 Sco 27	29 Aqu 48	03 Gem 13	01 Vir 08
12	25 Tau 02	25 Leo 53	29 Sco 33	02 Psc 53	06 Gem 09	04 Vir 05
13	27 Tau 59	28 Leo 50	02 Sag 39	05 Psc 58	09 Gem 06	07 Vir 03
14	00 Gem 56	01 Vir 47	05 Sag 45	09 Psc 03	12 Gem 02	10 Vir 01
15	03 Gem 52	04 Vir 45	08 Sag 51	12 Psc 07	14 Gem 58	12 Vir 59
16	06 Gem 49	07 Vir 42	11 Sag 57	15 Psc 12	17 Gem 53	15 Vir 57
17	09 Gem 45	10 Vir 40	15 Sag 04	18 Psc 15	20 Gem 49	18 Vir 56
18	12 Gem 41	13 Vir 39	18 Sag 11	21 Psc 19	23 Gem 45	21 Vir 55
19	15 Gem 37	16 Vir 37	21 Sag 18	24 Psc 22	26 Gem 40	24 Vir 54
20	18 Gem 33	19 Vir 36	24 Sag 25	27 Psc 25	29 Gem 36	27 Vir 54
21	21 Gem 28	22 Vir 35	27 Sag 32	00 Ari 28	02 Can 31	00 Lib 54
22	24 Gem 24	25 Vir 34	00 Cap 39	03 Ari 30	05 Can 26	03 Lib 54
23	27 Gem 19	28 Vir 34	03 Cap 46	06 Ari 32	08 Can 22	06 Lib 55
24	00 Can 15	01 Lib 34	06 Cap 54	09 Ari 34	11 Can 17	09 Lib 55
25	03 Can 10	04 Lib 34	10 Cap 01	12 Ari 35	14 Can 12	12 Lib 57
26	06 Can 05	07 Lib 35	13 Cap 08	15 Ari 36	17 Can 07	15 Lib 58
27	09 Can 01	10 Lib 36	16 Cap 16	18 Ari 37	20 Can 03	19 Lib 00
28	11 Can 56	13 Lib 37	19 Cap 23	21 Ari 37	22 Can 58	22 Lib 02
29	14 Can 51	16 Lib 39	22 Cap 30	24 Ari 37	25 Can 53	25 Lib 05
30	17 Can 46	19 Lib 41	25 Cap 37	27 Ari 37	28 Can 49	28 Lib 07
31	20 Can 42	22 Lib 43		00 Tau 37		01 Sco 10

2024 (Midnight GMT)

Day	January	February	March	April	May	June
01	04 Sco 14	10 Aqu 30	08 Tau 53	09 Leo 52	09 Sco 40	16 Aqu 02
02	07 Sco 18	13 Aqu 37	11 Tau 52	12 Leo 48	12 Sco 45	19 Aqu 08
03	10 Sco 22	16 Aqu 43	14 Tau 50	15 Leo 44	15 Sco 49	22 Aqu 14
04	13 Sco 26	19 Aqu 49	17 Tau 48	18 Leo 41	18 Sco 54	25 Aqu 20
05	16 Sco 30	22 Aqu 55	20 Tau 45	21 Leo 37	21 Sco 59	28 Aqu 25
06	19 Sco 35	26 Aqu 01	23 Tau 43	24 Leo 34	25 Sco 04	01 Psc 31
07	22 Sco 40	29 Aqu 07	26 Tau 40	27 Leo 31	28 Sco 10	04 Psc 36
08	25 Sco 46	02 Psc 12	29 Tau 37	00 Vir 28	01 Sag 16	07 Psc 41
09	28 Sco 51	05 Psc 17	02 Gem 33	03 Vir 25	04 Sag 22	10 Psc 45
10	01 Sag 57	08 Psc 22	05 Gem 30	06 Vir 23	07 Sag 28	13 Psc 49
11	05 Sag 03	11 Psc 26	08 Gem 26	09 Vir 21	10 Sag 34	16 Psc 53
12	08 Sag 09	14 Psc 30	11 Gem 22	12 Vir 19	13 Sag 41	19 Psc 57
13	11 Sag 16	17 Psc 34	14 Gem 18	15 Vir 17	16 Sag 47	23 Psc 00
14	14 Sag 22	20 Psc 38	17 Gem 14	18 Vir 16	19 Sag 54	26 Psc 03
15	17 Sag 29	23 Psc 41	20 Gem 10	21 Vir 15	23 Sag 01	29 Psc 06
16	20 Sag 36	26 Psc 44	23 Gem 06	24 Vir 14	26 Sag 08	02 Ari 09
17	23 Sag 43	29 Psc 47	26 Gem 01	27 Vir 14	29 Sag 15	05 Ari 11
18	26 Sag 50	02 Ari 49	28 Gem 57	00 Lib 14	02 Cap 23	08 Ari 13
19	29 Sag 57	05 Ari 51	01 Can 52	03 Lib 14	05 Cap 30	11 Ari 14
20	03 Cap 04	08 Ari 53	04 Can 47	06 Lib 14	08 Cap 37	14 Ari 15
21	06 Cap 12	11 Ari 55	07 Can 42	09 Lib 15	11 Cap 45	17 Ari 16
22	09 Cap 19	14 Ari 56	10 Can 38	12 Lib 16	14 Cap 52	20 Ari 17
23	12 Cap 26	17 Ari 57	13 Can 33	15 Lib 18	17 Cap 59	23 Ari 17
24	15 Cap 34	20 Ari 57	16 Can 28	18 Lib 19	21 Cap 07	26 Ari 17
25	18 Cap 41	23 Ari 57	19 Can 23	21 Lib 21	24 Cap 14	29 Ari 16
26	21 Cap 48	26 Ari 57	22 Can 19	24 Lib 24	27 Cap 21	02 Tau 16
27	24 Cap 56	29 Ari 57	25 Can 14	27 Lib 27	00 Aqu 28	05 Tau 15
28	28 Cap 03	02 Tau 56	28 Can 10	00 Sco 30	03 Aqu 35	08 Tau 13
29	01 Aqu 10	05 Tau 55	01 Leo 05	03 Sco 33	06 Aqu 42	11 Tau 12
30	04 Aqu 17		04 Leo 01	06 Sco 37	09 Aqu 49	14 Tau 10
31	07 Aqu 24		06 Leo 56		12 Aqu 55	

2024 (Midnight GMT)

Day	July	August	September	October	November	December
01	17 Tau 08	18 Leo 01	21 Sco 18	24 Aqu 38	28 Tau 18	26 Leo 12
02	20 Tau 06	20 Leo 58	24 Sco 23	27 Aqu 44	01 Gem 15	29 Leo 09
03	23 Tau 03	23 Leo 54	27 Sco 28	00 Psc 49	04 Gem 11	02 Vir 06
04	26 Tau 00	26 Leo 51	00 Sag 34	03 Psc 54	07 Gem 08	05 Vir 04
05	28 Tau 57	29 Leo 48	03 Sag 40	06 Psc 59	10 Gem 04	08 Vir 01
06	01 Gem 54	02 Vir 46	06 Sag 46	10 Psc 04	12 Gem 60	10 Vir 59
07	04 Gem 51	05 Vir 43	09 Sag 52	13 Psc 08	15 Gem 56	13 Vir 58
08	07 Gem 47	08 Vir 41	12 Sag 59	16 Psc 12	18 Gem 51	16 Vir 56
09	10 Gem 43	11 Vir 39	16 Sag 06	19 Psc 16	21 Gem 47	19 Vir 55
10	13 Gem 39	14 Vir 37	19 Sag 12	22 Psc 19	24 Gem 43	22 Vir 54
11	16 Gem 35	17 Vir 36	22 Sag 19	25 Psc 23	27 Gem 38	25 Vir 54
12	19 Gem 31	20 Vir 35	25 Sag 26	28 Psc 25	00 Can 34	28 Vir 53
13	22 Gem 26	23 Vir 34	28 Sag 34	01 Ari 28	03 Can 29	01 Lib 53
14	25 Gem 22	26 Vir 34	01 Cap 41	04 Ari 30	06 Can 24	04 Lib 54
15	28 Gem 17	29 Vir 33	04 Cap 48	07 Ari 32	09 Can 19	07 Lib 54
16	01 Can 13	02 Lib 34	07 Cap 55	10 Ari 34	12 Can 15	10 Lib 55
17	04 Can 08	05 Lib 34	11 Cap 03	13 Ari 35	15 Can 10	13 Lib 57
18	07 Can 03	08 Lib 35	14 Cap 10	16 Ari 36	18 Can 05	16 Lib 58
19	09 Can 59	11 Lib 36	17 Cap 17	19 Ari 36	21 Can 00	20 Lib 00
20	12 Can 54	14 Lib 37	20 Cap 25	22 Ari 37	23 Can 56	23 Lib 02
21	15 Can 49	17 Lib 39	23 Cap 32	25 Ari 37	26 Can 51	26 Lib 05
22	18 Can 44	20 Lib 41	26 Cap 39	28 Ari 36	29 Can 47	29 Lib 08
23	21 Can 40	23 Lib 43	29 Cap 46	01 Tau 36	02 Leo 42	02 Sco 11
24	24 Can 35	26 Lib 46	02 Aqu 53	04 Tau 35	05 Leo 38	05 Sco 14
25	27 Can 30	29 Lib 49	06 Aqu 00	07 Tau 34	08 Leo 34	08 Sco 18
26	00 Leo 26	02 Sco 52	09 Aqu 07	10 Tau 32	11 Leo 30	11 Sco 22
27	03 Leo 21	05 Sco 55	12 Aqu 14	13 Tau 30	14 Leo 26	14 Sco 27
28	06 Leo 17	08 Sco 59	15 Aqu 20	16 Tau 28	17 Leo 22	17 Sco 31
29	09 Leo 13	12 Sco 03	18 Aqu 26	19 Tau 26	20 Leo 18	20 Sco 36
30	12 Leo 09	15 Sco 08	21 Aqu 32	22 Tau 23	23 Leo 15	23 Sco 41
31	15 Leo 05	18 Sco 13		25 Tau 21		26 Sco 47

2025 (Midnight GMT)

Day	January	February	March	April	May	June
01	29 Sco 53	06 Psc 18	00 Gem 35	01 Vir 27	02 Sag 17	08 Psc 41
02	02 Sag 58	09 Psc 23	03 Gem 32	04 Vir 24	05 Sag 23	11 Psc 46
03	06 Sag 05	12 Psc 27	06 Gem 28	07 Vir 22	08 Sag 29	14 Psc 50
04	09 Sag 11	15 Psc 31	09 Gem 24	10 Vir 20	11 Sag 36	17 Psc 54
05	12 Sag 17	18 Psc 35	12 Gem 20	13 Vir 18	14 Sag 42	20 Psc 58
06	15 Sag 24	21 Psc 39	15 Gem 16	16 Vir 16	17 Sag 49	24 Psc 01
07	18 Sag 31	24 Psc 42	18 Gem 12	19 Vir 15	20 Sag 56	27 Psc 04
08	21 Sag 38	27 Psc 45	21 Gem 08	22 Vir 14	24 Sag 03	00 Ari 07
09	24 Sag 45	00 Ari 47	24 Gem 04	25 Vir 13	27 Sag 10	03 Ari 09
10	27 Sag 52	03 Ari 50	26 Gem 59	28 Vir 13	00 Cap 17	06 Ari 11
11	00 Cap 59	06 Ari 51	29 Gem 54	01 Lib 13	03 Cap 24	09 Ari 13
12	04 Cap 06	09 Ari 53	02 Can 50	04 Lib 13	06 Cap 32	12 Ari 14
13	07 Cap 14	12 Ari 54	05 Can 45	07 Lib 14	09 Cap 39	15 Ari 15
14	10 Cap 21	15 Ari 55	08 Can 40	10 Lib 15	12 Cap 46	18 Ari 16
15	13 Cap 28	18 Ari 56	11 Can 36	13 Lib 16	15 Cap 54	21 Ari 16
16	16 Cap 36	21 Ari 56	14 Can 31	16 Lib 18	19 Cap 01	24 Ari 16
17	19 Cap 43	24 Ari 57	17 Can 26	19 Lib 19	22 Cap 08	27 Ari 16
18	22 Cap 50	27 Ari 56	20 Can 21	22 Lib 22	25 Cap 16	00 Tau 16
19	25 Cap 57	00 Tau 56	23 Can 17	25 Lib 24	28 Cap 23	03 Tau 15
20	29 Cap 05	03 Tau 55	26 Can 12	28 Lib 27	01 Aqu 30	06 Tau 14
21	02 Aqu 12	06 Tau 54	29 Can 07	01 Sco 30	04 Aqu 37	09 Tau 12
22	05 Aqu 19	09 Tau 52	02 Leo 03	04 Sco 33	07 Aqu 44	12 Tau 11
23	08 Aqu 25	12 Tau 51	04 Leo 59	07 Sco 37	10 Aqu 50	15 Tau 09
24	11 Aqu 32	15 Tau 49	07 Leo 54	10 Sco 41	13 Aqu 57	18 Tau 07
25	14 Aqu 38	18 Tau 46	10 Leo 50	13 Sco 46	17 Aqu 03	21 Tau 04
26	17 Aqu 45	21 Tau 44	13 Leo 46	16 Sco 50	20 Aqu 09	24 Tau 02
27	20 Aqu 51	24 Tau 41	16 Leo 43	19 Sco 55	23 Aqu 15	26 Tau 59
28	23 Aqu 57	27 Tau 38	19 Leo 39	23 Sco 00	26 Aqu 21	29 Tau 56
29	27 Aqu 02		22 Leo 36	26 Sco 05	29 Aqu 27	02 Gem 53
30	00 Psc 08		25 Leo 32	29 Sco 11	02 Psc 32	05 Gem 49
31	03 Psc 13		28 Leo 29		05 Psc 37	

2025 (Midnight GMT)

Day	July	August	September	October	November	December
01	08 Gem 45	09 Vir 40	14 Sag 01	17 Psc 13	19 Gem 49	17 Vir 55
02	11 Gem 41	12 Vir 38	17 Sag 07	20 Psc 17	22 Gem 45	20 Vir 54
03	14 Gem 37	15 Vir 36	20 Sag 14	23 Psc 20	25 Gem 41	23 Vir 53
04	17 Gem 33	18 Vir 35	23 Sag 21	26 Psc 23	28 Gem 36	26 Vir 53
05	20 Gem 29	21 Vir 34	26 Sag 28	29 Psc 26	01 Can 31	29 Vir 53
06	23 Gem 24	24 Vir 33	29 Sag 35	02 Ari 28	04 Can 27	02 Lib 53
07	26 Gem 20	27 Vir 33	02 Cap 43	05 Ari 30	07 Can 22	05 Lib 53
08	29 Gem 15	00 Lib 33	05 Cap 50	08 Ari 32	10 Can 17	08 Lib 54
09	02 Can 11	03 Lib 33	08 Cap 57	11 Ari 34	13 Can 13	11 Lib 55
10	05 Can 06	06 Lib 34	12 Cap 05	14 Ari 35	16 Can 08	14 Lib 56
11	08 Can 01	09 Lib 34	15 Cap 12	17 Ari 35	19 Can 03	17 Lib 58
12	10 Can 56	12 Lib 36	18 Cap 19	20 Ari 36	21 Can 58	21 Lib 00
13	13 Can 52	15 Lib 37	21 Cap 27	23 Ari 36	24 Can 54	24 Lib 03
14	16 Can 47	18 Lib 39	24 Cap 34	26 Ari 36	27 Can 49	27 Lib 05
15	19 Can 42	21 Lib 41	27 Cap 41	29 Ari 36	00 Leo 45	00 Sco 08
16	22 Can 37	24 Lib 43	00 Aqu 48	02 Tau 35	03 Leo 40	03 Sco 12
17	25 Can 33	27 Lib 46	03 Aqu 55	05 Tau 34	06 Leo 36	06 Sco 15
18	28 Can 28	00 Sco 49	07 Aqu 02	08 Tau 33	09 Leo 32	09 Sco 19
19	01 Leo 24	03 Sco 52	10 Aqu 09	11 Tau 31	12 Leo 28	12 Sco 23
20	04 Leo 19	06 Sco 56	13 Aqu 15	14 Tau 29	15 Leo 24	15 Sco 28
21	07 Leo 15	10 Sco 00	16 Aqu 22	17 Tau 27	18 Leo 20	18 Sco 32
22	10 Leo 11	13 Sco 04	19 Aqu 28	20 Tau 25	21 Leo 17	21 Sco 37
23	13 Leo 07	16 Sco 09	22 Aqu 34	23 Tau 22	24 Leo 13	24 Sco 43
24	16 Leo 03	19 Sco 14	25 Aqu 40	26 Tau 19	27 Leo 10	27 Sco 48
25	18 Leo 60	22 Sco 19	28 Aqu 45	29 Tau 16	00 Vir 07	00 Sag 54
26	21 Leo 56	25 Sco 24	01 Psc 50	02 Gem 13	03 Vir 05	03 Sag 60
27	24 Leo 53	28 Sco 30	04 Psc 55	05 Gem 09	06 Vir 02	07 Sag 06
28	27 Leo 50	01 Sag 35	08 Psc 00	08 Gem 06	09 Vir 00	10 Sag 12
29	00 Vir 47	04 Sag 41	11 Psc 05	11 Gem 02	11 Vir 58	13 Sag 19
30	03 Vir 44	07 Sag 48	14 Psc 09	13 Gem 58	14 Vir 57	16 Sag 26
31	06 Vir 42	10 Sag 54		16 Gem 54		19 Sag 32

2026 (Midnight GMT)

Day	January	February	March	April	May	June
01	22 Sag 39	28 Psc 45	22 Gem 06	23 Vir 13	25 Sag 05	01 Ari 07
02	25 Sag 46	01 Ari 47	25 Gem 01	26 Vir 13	28 Sag 12	04 Ari 09
03	28 Sag 54	04 Ari 50	27 Gem 57	29 Vir 12	01 Cap 19	07 Ari 11
04	02 Cap 01	07 Ari 51	00 Can 52	02 Lib 13	04 Cap 26	10 Ari 12
05	05 Cap 08	10 Ari 53	03 Can 48	05 Lib 13	07 Cap 34	13 Ari 14
06	08 Cap 15	13 Ari 54	06 Can 43	08 Lib 14	10 Cap 41	16 Ari 15
07	11 Cap 23	16 Ari 55	09 Can 38	11 Lib 15	13 Cap 48	19 Ari 15
08	14 Cap 30	19 Ari 56	12 Can 33	14 Lib 16	16 Cap 56	22 Ari 16
09	17 Cap 37	22 Ari 56	15 Can 29	17 Lib 18	20 Cap 03	25 Ari 16
10	20 Cap 45	25 Ari 56	18 Can 24	20 Lib 20	23 Cap 10	28 Ari 15
11	23 Cap 52	28 Ari 56	21 Can 19	23 Lib 22	26 Cap 17	01 Tau 15
12	26 Cap 59	01 Tau 55	24 Can 15	26 Lib 24	29 Cap 25	04 Tau 14
13	00 Aqu 06	04 Tau 54	27 Can 10	29 Lib 27	02 Aqu 32	07 Tau 13
14	03 Aqu 13	07 Tau 53	00 Leo 05	02 Sco 31	05 Aqu 39	10 Tau 11
15	06 Aqu 20	10 Tau 51	03 Leo 01	05 Sco 34	08 Aqu 45	13 Tau 10
16	09 Aqu 27	13 Tau 49	05 Leo 57	08 Sco 38	11 Aqu 52	16 Tau 08
17	12 Aqu 34	16 Tau 47	08 Leo 52	11 Sco 42	14 Aqu 58	19 Tau 05
18	15 Aqu 40	19 Tau 45	11 Leo 48	14 Sco 46	18 Aqu 05	22 Tau 03
19	18 Aqu 46	22 Tau 42	14 Leo 45	17 Sco 51	21 Aqu 11	25 Tau 00
20	21 Aqu 52	25 Tau 40	17 Leo 41	20 Sco 56	24 Aqu 17	27 Tau 57
21	24 Aqu 58	28 Tau 37	20 Leo 37	24 Sco 01	27 Aqu 22	00 Gem 54
22	28 Aqu 04	01 Gem 33	23 Leo 34	27 Sco 07	00 Psc 28	03 Gem 51
23	01 Psc 09	04 Gem 30	26 Leo 31	00 Sag 12	03 Psc 33	06 Gem 47
24	04 Psc 14	07 Gem 26	29 Leo 28	03 Sag 18	06 Psc 38	09 Gem 43
25	07 Psc 19	10 Gem 23	02 Vir 25	06 Sag 24	09 Psc 42	12 Gem 39
26	10 Psc 24	13 Gem 19	05 Vir 23	09 Sag 31	12 Psc 47	15 Gem 35
27	13 Psc 28	16 Gem 14	08 Vir 20	12 Sag 37	15 Psc 51	18 Gem 31
28	16 Psc 32	19 Gem 10	11 Vir 18	15 Sag 44	18 Psc 55	21 Gem 27
29	19 Psc 36		14 Vir 17	18 Sag 51	21 Psc 58	24 Gem 22
30	22 Psc 39		17 Vir 15	21 Sag 58	25 Psc 01	27 Gem 18
31	25 Psc 42		20 Vir 14		28 Psc 04	

2026 (Midnight GMT)

Day	July	August	September	October	November	December
01	00 Can 13	01 Lib 32	06 Cap 52	09 Ari 32	11 Can 15	09 Lib 54
02	03 Can 08	04 Lib 33	09 Cap 59	12 Ari 33	14 Can 10	12 Lib 55
03	06 Can 04	07 Lib 33	13 Cap 06	15 Ari 34	17 Can 06	15 Lib 56
04	08 Can 59	10 Lib 34	16 Cap 14	18 Ari 35	20 Can 01	18 Lib 58
05	11 Can 54	13 Lib 35	19 Cap 21	21 Ari 35	22 Can 56	22 Lib 00
06	14 Can 49	16 Lib 37	22 Cap 28	24 Ari 36	25 Can 52	25 Lib 03
07	17 Can 45	19 Lib 39	25 Cap 36	27 Ari 35	28 Can 47	28 Lib 06
08	20 Can 40	22 Lib 41	28 Cap 43	00 Tau 35	01 Leo 43	01 Sco 09
09	23 Can 35	25 Lib 44	01 Aqu 50	03 Tau 34	04 Leo 38	04 Sco 12
10	26 Can 31	28 Lib 46	04 Aqu 57	06 Tau 33	07 Leo 34	07 Sco 16
11	29 Can 26	01 Sco 50	08 Aqu 04	09 Tau 31	10 Leo 30	10 Sco 20
12	02 Leo 22	04 Sco 53	11 Aqu 10	12 Tau 30	13 Leo 26	13 Sco 24
13	05 Leo 17	07 Sco 57	14 Aqu 17	15 Tau 28	16 Leo 22	16 Sco 29
14	08 Leo 13	11 Sco 01	17 Aqu 23	18 Tau 26	19 Leo 18	19 Sco 33
15	11 Leo 09	14 Sco 05	20 Aqu 29	21 Tau 23	22 Leo 15	22 Sco 39
16	14 Leo 05	17 Sco 10	23 Aqu 35	24 Tau 21	25 Leo 12	25 Sco 44
17	17 Leo 01	20 Sco 15	26 Aqu 41	27 Tau 18	28 Leo 09	28 Sco 49
18	19 Leo 58	23 Sco 20	29 Aqu 46	00 Gem 14	01 Vir 06	01 Sag 55
19	22 Leo 54	26 Sco 25	02 Psc 52	03 Gem 11	04 Vir 03	05 Sag 01
20	25 Leo 51	29 Sco 31	05 Psc 56	06 Gem 08	07 Vir 01	08 Sag 07
21	28 Leo 48	02 Sag 37	09 Psc 01	09 Gem 04	09 Vir 59	11 Sag 14
22	01 Vir 45	05 Sag 43	12 Psc 06	11 Gem 60	12 Vir 57	14 Sag 20
23	04 Vir 43	08 Sag 49	15 Psc 10	14 Gem 56	15 Vir 55	17 Sag 27
24	07 Vir 41	11 Sag 56	18 Psc 14	17 Gem 52	18 Vir 54	20 Sag 34
25	10 Vir 39	15 Sag 02	21 Psc 17	20 Gem 47	21 Vir 53	23 Sag 41
26	13 Vir 37	18 Sag 09	24 Psc 20	23 Gem 43	24 Vir 53	26 Sag 48
27	16 Vir 35	21 Sag 16	27 Psc 23	26 Gem 39	27 Vir 52	29 Sag 55
28	19 Vir 34	24 Sag 23	00 Ari 26	29 Gem 34	00 Lib 52	03 Cap 03
29	22 Vir 33	27 Sag 30	03 Ari 28	02 Can 29	03 Lib 52	06 Cap 10
30	25 Vir 33	00 Cap 37	06 Ari 30	05 Can 25	06 Lib 53	09 Cap 17
31	28 Vir 32	03 Cap 44		08 Can 20		12 Cap 25

2027 (Midnight GMT)

Day	January	February	March	April	May	June
01	15 Cap 32	20 Ari 55	13 Can 31	15 Lib 16	17 Cap 57	23 Ari 15
02	18 Cap 39	23 Ari 55	16 Can 26	18 Lib 18	21 Cap 05	26 Ari 15
03	21 Cap 47	26 Ari 55	19 Can 22	21 Lib 20	24 Cap 12	29 Ari 15
04	24 Cap 54	29 Ari 55	22 Can 17	24 Lib 22	27 Cap 19	02 Tau 14
05	28 Cap 01	02 Tau 54	25 Can 12	27 Lib 25	00 Aqu 26	05 Tau 13
06	01 Aqu 08	05 Tau 53	28 Can 08	00 Sco 28	03 Aqu 33	08 Tau 12
07	04 Aqu 15	08 Tau 52	01 Leo 03	03 Sco 31	06 Aqu 40	11 Tau 10
08	07 Aqu 22	11 Tau 50	03 Leo 59	06 Sco 35	09 Aqu 47	14 Tau 08
09	10 Aqu 29	14 Tau 48	06 Leo 55	09 Sco 39	12 Aqu 53	17 Tau 06
10	13 Aqu 35	17 Tau 46	09 Leo 51	12 Sco 43	15 Aqu 60	20 Tau 04
11	16 Aqu 41	20 Tau 44	12 Leo 47	15 Sco 47	19 Aqu 06	23 Tau 01
12	19 Aqu 48	23 Tau 41	15 Leo 43	18 Sco 52	22 Aqu 12	25 Tau 59
13	22 Aqu 54	26 Tau 38	18 Leo 39	21 Sco 57	25 Aqu 18	28 Tau 55
14	25 Aqu 59	29 Tau 35	21 Leo 36	25 Sco 02	28 Aqu 23	01 Gem 52
15	29 Aqu 05	02 Gem 32	24 Leo 32	28 Sco 08	01 Psc 29	04 Gem 49
16	02 Psc 10	05 Gem 28	27 Leo 29	01 Sag 14	04 Psc 34	07 Gem 45
17	05 Psc 15	08 Gem 25	00 Vir 26	04 Sag 20	07 Psc 39	10 Gem 41
18	08 Psc 20	11 Gem 21	03 Vir 24	07 Sag 26	10 Psc 43	13 Gem 37
19	11 Psc 24	14 Gem 17	06 Vir 21	10 Sag 32	13 Psc 48	16 Gem 33
20	14 Psc 29	17 Gem 13	09 Vir 19	13 Sag 39	16 Psc 52	19 Gem 29
21	17 Psc 33	20 Gem 08	12 Vir 17	16 Sag 45	19 Psc 55	22 Gem 25
22	20 Psc 36	23 Gem 04	15 Vir 16	19 Sag 52	22 Psc 59	25 Gem 20
23	23 Psc 40	25 Gem 59	18 Vir 14	22 Sag 59	26 Psc 02	28 Gem 16
24	26 Psc 43	28 Gem 55	21 Vir 13	26 Sag 06	29 Psc 04	01 Can 11
25	29 Psc 45	01 Can 50	24 Vir 12	29 Sag 14	02 Ari 07	04 Can 06
26	02 Ari 48	04 Can 45	27 Vir 12	02 Cap 21	05 Ari 09	07 Can 02
27	05 Ari 50	07 Can 41	00 Lib 12	05 Cap 28	08 Ari 11	09 Can 57
28	08 Ari 51	10 Can 36	03 Lib 12	08 Cap 35	11 Ari 12	12 Can 52
29	11 Ari 53		06 Lib 13	11 Cap 43	14 Ari 14	15 Can 47
30	14 Ari 54		09 Lib 13	14 Cap 50	17 Ari 14	18 Can 43
31	17 Ari 55		12 Lib 14		20 Ari 15	

2027 (Midnight GMT)

Day	July	August	September	October	November	December
01	21 Can 38	23 Lib 41	29 Cap 45	01 Tau 34	02 Leo 41	02 Sco 09
02	24 Can 33	26 Lib 44	02 Aqu 52	04 Tau 33	05 Leo 36	05 Sco 13
03	27 Can 29	29 Lib 47	05 Aqu 58	07 Tau 32	08 Leo 32	08 Sco 16
04	00 Leo 24	02 Sco 50	09 Aqu 05	10 Tau 30	11 Leo 28	11 Sco 21
05	03 Leo 20	05 Sco 54	12 Aqu 12	13 Tau 29	14 Leo 24	14 Sco 25
06	06 Leo 15	08 Sco 58	15 Aqu 18	16 Tau 27	17 Leo 20	17 Sco 30
07	09 Leo 11	12 Sco 02	18 Aqu 25	19 Tau 24	20 Leo 17	20 Sco 34
08	12 Leo 07	15 Sco 06	21 Aqu 31	22 Tau 22	23 Leo 13	23 Sco 40
09	15 Leo 03	18 Sco 11	24 Aqu 36	25 Tau 19	26 Leo 10	26 Sco 45
10	17 Leo 60	21 Sco 16	27 Aqu 42	28 Tau 16	29 Leo 07	29 Sco 51
11	20 Leo 56	24 Sco 21	00 Psc 47	01 Gem 13	02 Vir 04	02 Sag 57
12	23 Leo 53	27 Sco 27	03 Psc 53	04 Gem 09	05 Vir 02	06 Sag 03
13	26 Leo 50	00 Sag 32	06 Psc 57	07 Gem 06	07 Vir 60	09 Sag 09
14	29 Leo 47	03 Sag 38	10 Psc 02	10 Gem 02	10 Vir 58	12 Sag 15
15	02 Vir 44	06 Sag 44	13 Psc 06	12 Gem 58	13 Vir 56	15 Sag 22
16	05 Vir 42	09 Sag 51	16 Psc 10	15 Gem 54	16 Vir 54	18 Sag 29
17	08 Vir 39	12 Sag 57	19 Psc 14	18 Gem 50	19 Vir 53	21 Sag 36
18	11 Vir 37	16 Sag 04	22 Psc 18	21 Gem 45	22 Vir 52	24 Sag 43
19	14 Vir 36	19 Sag 11	25 Psc 21	24 Gem 41	25 Vir 52	27 Sag 50
20	17 Vir 34	22 Sag 18	28 Psc 24	27 Gem 36	28 Vir 52	00 Cap 57
21	20 Vir 33	25 Sag 25	01 Ari 26	00 Can 32	01 Lib 52	04 Cap 04
22	23 Vir 32	28 Sag 32	04 Ari 28	03 Can 27	04 Lib 52	07 Cap 12
23	26 Vir 32	01 Cap 39	07 Ari 30	06 Can 22	07 Lib 53	10 Cap 19
24	29 Vir 32	04 Cap 46	10 Ari 32	09 Can 18	10 Lib 53	13 Cap 26
25	02 Lib 32	07 Cap 54	13 Ari 33	12 Can 13	13 Lib 55	16 Cap 34
26	05 Lib 32	11 Cap 01	16 Ari 34	15 Can 08	16 Lib 56	19 Cap 41
27	08 Lib 33	14 Cap 08	19 Ari 35	18 Can 03	19 Lib 58	22 Cap 48
28	11 Lib 34	17 Cap 16	22 Ari 35	20 Can 59	23 Lib 01	25 Cap 56
29	14 Lib 35	20 Cap 23	25 Ari 35	23 Can 54	26 Lib 03	29 Cap 03
30	17 Lib 37	23 Cap 30	28 Ari 35	26 Can 49	29 Lib 06	02 Aqu 10
31	20 Lib 39	26 Cap 37		29 Can 45		05 Aqu 17

2028 (Midnight GMT)

Day	January	February	March	April	May	June
01	08 Aqu 24	12 Tau 49	07 Leo 53	10 Sco 39	13 Aqu 55	18 Tau 05
02	11 Aqu 30	15 Tau 47	10 Leo 49	13 Sco 44	17 Aqu 01	21 Tau 03
03	14 Aqu 37	18 Tau 45	13 Leo 45	16 Sco 48	20 Aqu 08	23 Tau 60
04	17 Aqu 43	21 Tau 42	16 Leo 41	19 Sco 53	23 Aqu 13	26 Tau 57
05	20 Aqu 49	24 Tau 39	19 Leo 37	22 Sco 58	26 Aqu 19	29 Tau 54
06	23 Aqu 55	27 Tau 36	22 Leo 34	26 Sco 04	29 Aqu 25	02 Gem 51
07	27 Aqu 01	00 Gem 33	25 Leo 31	29 Sco 09	02 Psc 30	05 Gem 47
08	00 Psc 06	03 Gem 30	28 Leo 28	02 Sag 15	05 Psc 35	08 Gem 43
09	03 Psc 11	06 Gem 26	01 Vir 25	05 Sag 21	08 Psc 40	11 Gem 39
10	06 Psc 16	09 Gem 23	04 Vir 22	08 Sag 27	11 Psc 44	14 Gem 35
11	09 Psc 21	12 Gem 19	07 Vir 20	11 Sag 34	14 Psc 48	17 Gem 31
12	12 Psc 25	15 Gem 15	10 Vir 18	14 Sag 40	17 Psc 52	20 Gem 27
13	15 Psc 29	18 Gem 11	13 Vir 16	17 Sag 47	20 Psc 56	23 Gem 23
14	18 Psc 33	21 Gem 06	16 Vir 15	20 Sag 54	23 Psc 59	26 Gem 18
15	21 Psc 37	24 Gem 02	19 Vir 13	24 Sag 01	27 Psc 02	29 Gem 14
16	24 Psc 40	26 Gem 57	22 Vir 12	27 Sag 08	00 Ari 05	02 Can 09
17	27 Psc 43	29 Gem 53	25 Vir 12	00 Cap 15	03 Ari 07	05 Can 04
18	00 Ari 45	02 Can 48	28 Vir 11	03 Cap 23	06 Ari 09	07 Can 59
19	03 Ari 48	05 Can 43	01 Lib 11	06 Cap 30	09 Ari 11	10 Can 55
20	06 Ari 50	08 Can 39	04 Lib 12	09 Cap 37	12 Ari 12	13 Can 50
21	09 Ari 51	11 Can 34	07 Lib 12	12 Cap 45	15 Ari 13	16 Can 45
22	12 Ari 53	14 Can 29	10 Lib 13	15 Cap 52	18 Ari 14	19 Can 40
23	15 Ari 54	17 Can 24	13 Lib 14	18 Cap 59	21 Ari 14	22 Can 36
24	18 Ari 54	20 Can 20	16 Lib 16	22 Cap 07	24 Ari 15	25 Can 31
25	21 Ari 55	23 Can 15	19 Lib 18	25 Cap 14	27 Ari 14	28 Can 27
26	24 Ari 55	26 Can 10	22 Lib 20	28 Cap 21	00 Tau 14	01 Leo 22
27	27 Ari 55	29 Can 06	25 Lib 22	01 Aqu 28	03 Tau 13	04 Leo 18
28	00 Tau 54	02 Leo 01	28 Lib 25	04 Aqu 35	06 Tau 12	07 Leo 13
29	03 Tau 53	04 Leo 57	01 Sco 28	07 Aqu 42	09 Tau 11	10 Leo 09
30	06 Tau 52		04 Sco 32	10 Aqu 49	12 Tau 09	13 Leo 05
31	09 Tau 51		07 Sco 35		15 Tau 07	

2028 (Midnight GMT)

Day	July	August	September	October	November	December
01	16 Leo 02	19 Sco 12	25 Aqu 38	26 Tau 17	27 Leo 09	27 Sco 46
02	18 Leo 58	22 Sco 17	28 Aqu 43	29 Tau 14	00 Vir 06	00 Sag 52
03	21 Leo 54	25 Sco 22	01 Psc 49	02 Gem 11	03 Vir 03	03 Sag 58
04	24 Leo 51	28 Sco 28	04 Psc 54	05 Gem 08	06 Vir 01	07 Sag 04
05	27 Leo 48	01 Sag 34	07 Psc 58	08 Gem 04	08 Vir 58	10 Sag 11
06	00 Vir 45	04 Sag 40	11 Psc 03	11 Gem 00	11 Vir 56	13 Sag 17
07	03 Vir 43	07 Sag 46	14 Psc 07	13 Gem 56	14 Vir 55	16 Sag 24
08	06 Vir 40	10 Sag 52	17 Psc 11	16 Gem 52	17 Vir 53	19 Sag 31
09	09 Vir 38	13 Sag 59	20 Psc 15	19 Gem 48	20 Vir 52	22 Sag 37
10	12 Vir 36	17 Sag 05	23 Psc 18	22 Gem 43	23 Vir 52	25 Sag 45
11	15 Vir 35	20 Sag 12	26 Psc 21	25 Gem 39	26 Vir 51	28 Sag 52
12	18 Vir 33	23 Sag 19	29 Psc 24	28 Gem 34	29 Vir 51	01 Cap 59
13	21 Vir 32	26 Sag 26	02 Ari 26	01 Can 30	02 Lib 51	05 Cap 06
14	24 Vir 32	29 Sag 34	05 Ari 28	04 Can 25	05 Lib 51	08 Cap 14
15	27 Vir 31	02 Cap 41	08 Ari 30	07 Can 20	08 Lib 52	11 Cap 21
16	00 Lib 31	05 Cap 48	11 Ari 32	10 Can 16	11 Lib 53	14 Cap 28
17	03 Lib 31	08 Cap 55	14 Ari 33	13 Can 11	14 Lib 55	17 Cap 36
18	06 Lib 32	12 Cap 03	17 Ari 34	16 Can 06	17 Lib 56	20 Cap 43
19	09 Lib 33	15 Cap 10	20 Ari 34	19 Can 01	20 Lib 58	23 Cap 50
20	12 Lib 34	18 Cap 17	23 Ari 34	21 Can 57	24 Lib 01	26 Cap 57
21	15 Lib 35	21 Cap 25	26 Ari 34	24 Can 52	27 Lib 03	00 Aqu 05
22	18 Lib 37	24 Cap 32	29 Ari 34	27 Can 47	00 Sco 06	03 Aqu 12
23	21 Lib 39	27 Cap 39	02 Tau 33	00 Leo 43	03 Sco 10	06 Aqu 18
24	24 Lib 42	00 Aqu 46	05 Tau 32	03 Leo 38	06 Sco 13	09 Aqu 25
25	27 Lib 44	03 Aqu 53	08 Tau 31	06 Leo 34	09 Sco 17	12 Aqu 32
26	00 Sco 47	07 Aqu 00	11 Tau 29	09 Leo 30	12 Sco 21	15 Aqu 38
27	03 Sco 51	10 Aqu 07	14 Tau 27	12 Leo 26	15 Sco 26	18 Aqu 44
28	06 Sco 54	13 Aqu 13	17 Tau 25	15 Leo 22	18 Sco 31	21 Aqu 50
29	09 Sco 58	16 Aqu 20	20 Tau 23	18 Leo 18	21 Sco 36	24 Aqu 56
30	13 Sco 03	19 Aqu 26	23 Tau 20	21 Leo 15	24 Sco 41	28 Aqu 02
31	16 Sco 07	22 Aqu 32		24 Leo 12		01 Psc 07

2029 (Midnight GMT)

Day	January	February	March	April	May	June
01	04 Psc 12	07 Gem 25	29 Leo 26	03 Sag 16	06 Psc 36	09 Gem 41
02	07 Psc 17	10 Gem 21	02 Vir 23	06 Sag 23	09 Psc 41	12 Gem 38
03	10 Psc 22	13 Gem 17	05 Vir 21	09 Sag 29	12 Psc 45	15 Gem 34
04	13 Psc 26	16 Gem 13	08 Vir 19	12 Sag 35	15 Psc 49	18 Gem 29
05	16 Psc 30	19 Gem 09	11 Vir 17	15 Sag 42	18 Psc 53	21 Gem 25
06	19 Psc 34	22 Gem 04	14 Vir 15	18 Sag 49	21 Psc 56	24 Gem 21
07	22 Psc 37	24 Gem 60	17 Vir 14	21 Sag 56	24 Psc 60	27 Gem 16
08	25 Psc 40	27 Gem 55	20 Vir 12	25 Sag 03	28 Psc 02	00 Can 11
09	28 Psc 43	00 Can 51	23 Vir 12	28 Sag 10	01 Ari 05	03 Can 07
10	01 Ari 46	03 Can 46	26 Vir 11	01 Cap 17	04 Ari 07	06 Can 02
11	04 Ari 48	06 Can 41	29 Vir 11	04 Cap 24	07 Ari 09	08 Can 57
12	07 Ari 50	09 Can 36	02 Lib 11	07 Cap 32	10 Ari 11	11 Can 53
13	10 Ari 51	12 Can 32	05 Lib 11	10 Cap 39	13 Ari 12	14 Can 48
14	13 Ari 52	15 Can 27	08 Lib 12	13 Cap 46	16 Ari 13	17 Can 43
15	16 Ari 53	18 Can 22	11 Lib 13	16 Cap 54	19 Ari 14	20 Can 38
16	19 Ari 54	21 Can 17	14 Lib 14	20 Cap 01	22 Ari 14	23 Can 34
17	22 Ari 54	24 Can 13	17 Lib 16	23 Cap 08	25 Ari 14	26 Can 29
18	25 Ari 54	27 Can 08	20 Lib 18	26 Cap 16	28 Ari 14	29 Can 24
19	28 Ari 54	00 Leo 04	23 Lib 20	29 Cap 23	01 Tau 13	02 Leo 20
20	01 Tau 53	02 Leo 59	26 Lib 23	02 Aqu 30	04 Tau 12	05 Leo 16
21	04 Tau 52	05 Leo 55	29 Lib 26	05 Aqu 37	07 Tau 11	08 Leo 11
22	07 Tau 51	08 Leo 51	02 Sco 29	08 Aqu 43	10 Tau 10	11 Leo 07
23	10 Tau 49	11 Leo 47	05 Sco 32	11 Aqu 50	13 Tau 08	14 Leo 03
24	13 Tau 48	14 Leo 43	08 Sco 36	14 Aqu 57	16 Tau 06	16 Leo 60
25	16 Tau 46	17 Leo 39	11 Sco 40	18 Aqu 03	19 Tau 04	19 Leo 56
26	19 Tau 43	20 Leo 36	14 Sco 45	21 Aqu 09	22 Tau 01	22 Leo 53
27	22 Tau 41	23 Leo 32	17 Sco 49	24 Aqu 15	24 Tau 58	25 Leo 49
28	25 Tau 38	26 Leo 29	20 Sco 54	27 Aqu 20	27 Tau 55	28 Leo 47
29	28 Tau 35		23 Sco 59	00 Psc 26	00 Gem 52	01 Vir 44
30	01 Gem 32		27 Sco 05	03 Psc 31	03 Gem 49	04 Vir 41
31	04 Gem 28		00 Sag 11		06 Gem 45	

2029 (Midnight GMT)

Day	July	August	September	October	November	December
01	07 Vir 39	11 Sag 54	18 Psc 12	17 Gem 50	18 Vir 52	20 Sag 32
02	10 Vir 37	15 Sag 00	21 Psc 15	20 Gem 46	21 Vir 51	23 Sag 39
03	13 Vir 35	18 Sag 07	24 Psc 19	23 Gem 41	24 Vir 51	26 Sag 46
04	16 Vir 34	21 Sag 14	27 Psc 22	26 Gem 37	27 Vir 50	29 Sag 54
05	19 Vir 32	24 Sag 21	00 Ari 24	29 Gem 32	00 Lib 50	03 Cap 01
06	22 Vir 32	27 Sag 28	03 Ari 27	02 Can 28	03 Lib 51	06 Cap 08
07	25 Vir 31	00 Cap 35	06 Ari 29	05 Can 23	06 Lib 51	09 Cap 15
08	28 Vir 31	03 Cap 43	09 Ari 30	08 Can 18	09 Lib 52	12 Cap 23
09	01 Lib 31	06 Cap 50	12 Ari 32	11 Can 13	12 Lib 53	15 Cap 30
10	04 Lib 31	09 Cap 57	15 Ari 33	14 Can 09	15 Lib 55	18 Cap 37
11	07 Lib 31	13 Cap 05	18 Ari 33	17 Can 04	18 Lib 56	21 Cap 45
12	10 Lib 32	16 Cap 12	21 Ari 34	19 Can 59	21 Lib 59	24 Cap 52
13	13 Lib 34	19 Cap 19	24 Ari 34	22 Can 54	25 Lib 01	27 Cap 59
14	16 Lib 35	22 Cap 27	27 Ari 34	25 Can 50	28 Lib 04	01 Aqu 06
15	19 Lib 37	25 Cap 34	00 Tau 33	28 Can 45	01 Sco 07	04 Aqu 13
16	22 Lib 39	28 Cap 41	03 Tau 32	01 Leo 41	04 Sco 10	07 Aqu 20
17	25 Lib 42	01 Aqu 48	06 Tau 31	04 Leo 36	07 Sco 14	10 Aqu 27
18	28 Lib 45	04 Aqu 55	09 Tau 30	07 Leo 32	10 Sco 18	13 Aqu 33
19	01 Sco 48	08 Aqu 02	12 Tau 28	10 Leo 28	13 Sco 22	16 Aqu 40
20	04 Sco 51	11 Aqu 08	15 Tau 26	13 Leo 24	16 Sco 27	19 Aqu 46
21	07 Sco 55	14 Aqu 15	18 Tau 24	16 Leo 20	19 Sco 32	22 Aqu 52
22	10 Sco 59	17 Aqu 21	21 Tau 21	19 Leo 17	22 Sco 37	25 Aqu 58
23	14 Sco 03	20 Aqu 27	24 Tau 19	22 Leo 13	25 Sco 42	29 Aqu 03
24	17 Sco 08	23 Aqu 33	27 Tau 16	25 Leo 10	28 Sco 48	02 Psc 08
25	20 Sco 13	26 Aqu 39	00 Gem 13	28 Leo 07	01 Sag 53	05 Psc 13
26	23 Sco 18	29 Aqu 44	03 Gem 09	01 Vir 04	04 Sag 59	08 Psc 18
27	26 Sco 23	02 Psc 50	06 Gem 06	04 Vir 02	08 Sag 06	11 Psc 23
28	29 Sco 29	05 Psc 55	09 Gem 02	06 Vir 59	11 Sag 12	14 Psc 27
29	02 Sag 35	08 Psc 59	11 Gem 58	09 Vir 57	14 Sag 19	17 Psc 31
30	05 Sag 41	12 Psc 04	14 Gem 54	12 Vir 55	17 Sag 25	20 Psc 34
31	08 Sag 47	15 Psc 08		15 Vir 54		23 Psc 38

2030 (Midnight GMT)

Day	January	February	March	April	May	June
01	26 Psc 41	28 Gem 53	21 Vir 11	26 Sag 05	29 Psc 03	01 Can 09
02	29 Psc 43	01 Can 48	24 Vir 11	29 Sag 12	02 Ari 05	04 Can 05
03	02 Ari 46	04 Can 44	27 Vir 10	02 Cap 19	05 Ari 07	06 Can 60
04	05 Ari 48	07 Can 39	00 Lib 10	05 Cap 26	08 Ari 09	09 Can 55
05	08 Ari 50	10 Can 34	03 Lib 10	08 Cap 34	11 Ari 11	12 Can 50
06	11 Ari 51	13 Can 30	06 Lib 11	11 Cap 41	14 Ari 12	15 Can 46
07	14 Ari 52	16 Can 25	09 Lib 12	14 Cap 48	17 Ari 13	18 Can 41
08	17 Ari 53	19 Can 20	12 Lib 13	17 Cap 56	20 Ari 13	21 Can 36
09	20 Ari 53	22 Can 15	15 Lib 14	21 Cap 03	23 Ari 13	24 Can 32
10	23 Ari 54	25 Can 11	18 Lib 16	24 Cap 10	26 Ari 13	27 Can 27
11	26 Ari 53	28 Can 06	21 Lib 18	27 Cap 17	29 Ari 13	00 Leo 22
12	29 Ari 53	01 Leo 02	24 Lib 20	00 Aqu 24	02 Tau 12	03 Leo 18
13	02 Tau 52	03 Leo 57	27 Lib 23	03 Aqu 31	05 Tau 11	06 Leo 14
14	05 Tau 51	06 Leo 53	00 Sco 26	06 Aqu 38	08 Tau 10	09 Leo 10
15	08 Tau 50	09 Leo 49	03 Sco 29	09 Aqu 45	11 Tau 08	12 Leo 06
16	11 Tau 48	12 Leo 45	06 Sco 33	12 Aqu 52	14 Tau 07	15 Leo 02
17	14 Tau 46	15 Leo 41	09 Sco 37	15 Aqu 58	17 Tau 05	17 Leo 58
18	17 Tau 44	18 Leo 37	12 Sco 41	19 Aqu 04	20 Tau 02	20 Leo 54
19	20 Tau 42	21 Leo 34	15 Sco 46	22 Aqu 10	22 Tau 60	23 Leo 51
20	23 Tau 39	24 Leo 31	18 Sco 50	25 Aqu 16	25 Tau 57	26 Leo 48
21	26 Tau 36	27 Leo 27	21 Sco 55	28 Aqu 22	28 Tau 54	29 Leo 45
22	29 Tau 33	00 Vir 25	25 Sco 01	01 Psc 27	01 Gem 51	02 Vir 42
23	02 Gem 30	03 Vir 22	28 Sco 06	04 Psc 32	04 Gem 47	05 Vir 40
24	05 Gem 26	06 Vir 20	01 Sag 12	07 Psc 37	07 Gem 43	08 Vir 38
25	08 Gem 23	09 Vir 17	04 Sag 18	10 Psc 41	10 Gem 40	11 Vir 36
26	11 Gem 19	12 Vir 15	07 Sag 24	13 Psc 46	13 Gem 36	14 Vir 34
27	14 Gem 15	15 Vir 14	10 Sag 30	16 Psc 50	16 Gem 32	17 Vir 33
28	17 Gem 11	18 Vir 13	13 Sag 37	19 Psc 53	19 Gem 27	20 Vir 32
29	20 Gem 07		16 Sag 44	22 Psc 57	22 Gem 23	23 Vir 31
30	23 Gem 02		19 Sag 50	25 Psc 60	25 Gem 18	26 Vir 30
31	25 Gem 58		22 Sag 57		28 Gem 14	

2030 (Midnight GMT)

Day	July	August	September	October	November	December
01	29 Vir 30	04 Cap 44	10 Ari 30	09 Can 16	10 Lib 52	13 Cap 25
02	02 Lib 30	07 Cap 52	13 Ari 31	12 Can 11	13 Lib 53	16 Cap 32
03	05 Lib 30	10 Cap 59	16 Ari 32	15 Can 06	16 Lib 55	19 Cap 39
04	08 Lib 31	14 Cap 06	19 Ari 33	18 Can 02	19 Lib 57	22 Cap 47
05	11 Lib 32	17 Cap 14	22 Ari 33	20 Can 57	22 Lib 59	25 Cap 54
06	14 Lib 34	20 Cap 21	25 Ari 33	23 Can 52	26 Lib 01	29 Cap 01
07	17 Lib 35	23 Cap 28	28 Ari 33	26 Can 48	29 Lib 04	02 Aqu 08
08	20 Lib 37	26 Cap 36	01 Tau 32	29 Can 43	02 Sco 07	05 Aqu 15
09	23 Lib 40	29 Cap 43	04 Tau 31	02 Leo 39	05 Sco 11	08 Aqu 22
10	26 Lib 42	02 Aqu 50	07 Tau 30	05 Leo 34	08 Sco 15	11 Aqu 28
11	29 Lib 45	05 Aqu 57	10 Tau 29	08 Leo 30	11 Sco 19	14 Aqu 35
12	02 Sco 48	09 Aqu 03	13 Tau 27	11 Leo 26	14 Sco 23	17 Aqu 41
13	05 Sco 52	12 Aqu 10	16 Tau 25	14 Leo 22	17 Sco 28	20 Aqu 47
14	08 Sco 56	15 Aqu 16	19 Tau 23	17 Leo 19	20 Sco 33	23 Aqu 53
15	11 Sco 60	18 Aqu 23	22 Tau 20	20 Leo 15	23 Sco 38	26 Aqu 59
16	15 Sco 04	21 Aqu 29	25 Tau 17	23 Leo 12	26 Sco 43	00 Psc 04
17	18 Sco 09	24 Aqu 35	28 Tau 14	26 Leo 08	29 Sco 49	03 Psc 09
18	21 Sco 14	27 Aqu 40	01 Gem 11	29 Leo 05	02 Sag 55	06 Psc 14
19	24 Sco 19	00 Psc 46	04 Gem 08	02 Vir 03	06 Sag 01	09 Psc 19
20	27 Sco 25	03 Psc 51	07 Gem 04	05 Vir 00	09 Sag 07	12 Psc 24
21	00 Sag 30	06 Psc 56	10 Gem 00	07 Vir 58	12 Sag 14	15 Psc 28
22	03 Sag 36	10 Psc 00	12 Gem 56	10 Vir 56	15 Sag 20	18 Psc 31
23	06 Sag 42	13 Psc 05	15 Gem 52	13 Vir 54	18 Sag 27	21 Psc 35
24	09 Sag 49	16 Psc 09	18 Gem 48	16 Vir 53	21 Sag 34	24 Psc 38
25	12 Sag 55	19 Psc 12	21 Gem 44	19 Vir 52	24 Sag 41	27 Psc 41
26	16 Sag 02	22 Psc 16	24 Gem 39	22 Vir 51	27 Sag 48	00 Ari 44
27	19 Sag 09	25 Psc 19	27 Gem 35	25 Vir 50	00 Cap 55	03 Ari 46
28	22 Sag 16	28 Psc 22	00 Can 30	28 Vir 50	04 Cap 03	06 Ari 48
29	25 Sag 23	01 Ari 24	03 Can 25	01 Lib 50	07 Cap 10	09 Ari 50
30	28 Sag 30	04 Ari 27	06 Can 21	04 Lib 50	10 Cap 17	12 Ari 51
31	01 Cap 37	07 Ari 29		07 Lib 51		15 Ari 52

2031 (Midnight GMT)

Day	January	February	March	April	May	June
01	18 Ari 53	20 Can 18	13 Lib 13	18 Cap 57	21 Ari 13	22 Can 34
02	21 Ari 53	23 Can 13	16 Lib 14	22 Cap 05	24 Ari 13	25 Can 29
03	24 Ari 53	26 Can 09	19 Lib 16	25 Cap 12	27 Ari 13	28 Can 25
04	27 Ari 53	29 Can 04	22 Lib 18	28 Cap 19	00 Tau 12	01 Leo 20
05	00 Tau 52	01 Leo 60	25 Lib 21	01 Aqu 26	03 Tau 11	04 Leo 16
06	03 Tau 51	04 Leo 55	28 Lib 23	04 Aqu 33	06 Tau 10	07 Leo 12
07	06 Tau 50	07 Leo 51	01 Sco 26	07 Aqu 40	09 Tau 09	10 Leo 08
08	09 Tau 49	10 Leo 47	04 Sco 30	10 Aqu 47	12 Tau 07	13 Leo 04
09	12 Tau 47	13 Leo 43	07 Sco 34	13 Aqu 53	15 Tau 05	15 Leo 60
10	15 Tau 45	16 Leo 39	10 Sco 38	16 Aqu 60	18 Tau 03	18 Leo 56
11	18 Tau 43	19 Leo 36	13 Sco 42	20 Aqu 06	21 Tau 01	21 Leo 53
12	21 Tau 40	22 Leo 32	16 Sco 47	23 Aqu 12	23 Tau 58	24 Leo 49
13	24 Tau 38	25 Leo 29	19 Sco 51	26 Aqu 17	26 Tau 55	27 Leo 46
14	27 Tau 35	28 Leo 26	22 Sco 56	29 Aqu 23	29 Tau 52	00 Vir 43
15	00 Gem 32	01 Vir 23	26 Sco 02	02 Psc 28	02 Gem 49	03 Vir 41
16	03 Gem 28	04 Vir 21	29 Sco 07	05 Psc 33	05 Gem 45	06 Vir 38
17	06 Gem 25	07 Vir 18	02 Sag 13	08 Psc 38	08 Gem 42	09 Vir 36
18	09 Gem 21	10 Vir 16	05 Sag 19	11 Psc 42	11 Gem 38	12 Vir 35
19	12 Gem 17	13 Vir 14	08 Sag 26	14 Psc 47	14 Gem 34	15 Vir 33
20	15 Gem 13	16 Vir 13	11 Sag 32	17 Psc 50	17 Gem 30	18 Vir 32
21	18 Gem 09	19 Vir 12	14 Sag 39	20 Psc 54	20 Gem 25	21 Vir 31
22	21 Gem 05	22 Vir 11	17 Sag 45	23 Psc 57	23 Gem 21	24 Vir 30
23	24 Gem 00	25 Vir 10	20 Sag 52	27 Psc 00	26 Gem 16	27 Vir 29
24	26 Gem 56	28 Vir 10	23 Sag 59	00 Ari 03	29 Gem 12	00 Lib 29
25	29 Gem 51	01 Lib 10	27 Sag 06	03 Ari 05	02 Can 07	03 Lib 30
26	02 Can 46	04 Lib 10	00 Cap 14	06 Ari 07	05 Can 02	06 Lib 30
27	05 Can 42	07 Lib 10	03 Cap 21	09 Ari 09	07 Can 58	09 Lib 31
28	08 Can 37	10 Lib 11	06 Cap 28	12 Ari 10	10 Can 53	12 Lib 32
29	11 Can 32		09 Cap 35	15 Ari 12	13 Can 48	15 Lib 33
30	14 Can 27		12 Cap 43	18 Ari 12	16 Can 43	18 Lib 35
31	17 Can 23		15 Cap 50		19 Can 39	

2031 (Midnight GMT)

Day	July	August	September	October	November	December
01	21 Lib 37	27 Cap 37	02 Tau 31	00 Leo 41	03 Sco 08	06 Aqu 17
02	24 Lib 40	00 Aqu 44	05 Tau 30	03 Leo 37	06 Sco 12	09 Aqu 23
03	27 Lib 43	03 Aqu 51	08 Tau 29	06 Leo 32	09 Sco 15	12 Aqu 30
04	00 Sco 46	06 Aqu 58	11 Tau 28	09 Leo 28	12 Sco 20	15 Aqu 36
05	03 Sco 49	10 Aqu 05	14 Tau 26	12 Leo 24	15 Sco 24	18 Aqu 43
06	06 Sco 53	13 Aqu 12	17 Tau 24	15 Leo 20	18 Sco 29	21 Aqu 49
07	09 Sco 57	16 Aqu 18	20 Tau 21	18 Leo 17	21 Sco 34	24 Aqu 54
08	13 Sco 01	19 Aqu 24	23 Tau 19	21 Leo 13	24 Sco 39	28 Aqu 00
09	16 Sco 05	22 Aqu 30	26 Tau 16	24 Leo 10	27 Sco 45	01 Psc 05
10	19 Sco 10	25 Aqu 36	29 Tau 13	27 Leo 07	00 Sag 50	04 Psc 11
11	22 Sco 15	28 Aqu 41	02 Gem 09	00 Vir 04	03 Sag 56	07 Psc 15
12	25 Sco 20	01 Psc 47	05 Gem 06	03 Vir 01	07 Sag 02	10 Psc 20
13	28 Sco 26	04 Psc 52	08 Gem 02	05 Vir 59	10 Sag 09	13 Psc 24
14	01 Sag 32	07 Psc 57	10 Gem 58	08 Vir 57	13 Sag 15	16 Psc 28
15	04 Sag 38	11 Psc 01	13 Gem 54	11 Vir 55	16 Sag 22	19 Psc 32
16	07 Sag 44	14 Psc 05	16 Gem 50	14 Vir 53	19 Sag 29	22 Psc 35
17	10 Sag 50	17 Psc 09	19 Gem 46	17 Vir 52	22 Sag 36	25 Psc 39
18	13 Sag 57	20 Psc 13	22 Gem 42	20 Vir 51	25 Sag 43	28 Psc 41
19	17 Sag 04	23 Psc 16	25 Gem 37	23 Vir 50	28 Sag 50	01 Ari 44
20	20 Sag 10	26 Psc 19	28 Gem 33	26 Vir 49	01 Cap 57	04 Ari 46
21	23 Sag 17	29 Psc 22	01 Can 28	29 Vir 49	05 Cap 04	07 Ari 48
22	26 Sag 25	02 Ari 25	04 Can 23	02 Lib 49	08 Cap 12	10 Ari 49
23	29 Sag 32	05 Ari 27	07 Can 19	05 Lib 50	11 Cap 19	13 Ari 51
24	02 Cap 39	08 Ari 29	10 Can 14	08 Lib 50	14 Cap 26	16 Ari 52
25	05 Cap 46	11 Ari 30	13 Can 09	11 Lib 52	17 Cap 34	19 Ari 52
26	08 Cap 54	14 Ari 31	16 Can 04	14 Lib 53	20 Cap 41	22 Ari 52
27	12 Cap 01	17 Ari 32	18 Can 60	17 Lib 55	23 Cap 48	25 Ari 52
28	15 Cap 08	20 Ari 32	21 Can 55	20 Lib 57	26 Cap 56	28 Ari 52
29	18 Cap 16	23 Ari 33	24 Can 50	23 Lib 59	00 Aqu 03	01 Tau 51
30	21 Cap 23	26 Ari 33	27 Can 46	27 Lib 02	03 Aqu 10	04 Tau 50
31	24 Cap 30	29 Ari 32		00 Sco 05		07 Tau 49

2032 (Midnight GMT)

Day	January	February	March	April	May	June
01	10 Tau 48	11 Leo 45	08 Sco 34	14 Aqu 55	16 Tau 04	16 Leo 58
02	13 Tau 46	14 Leo 41	11 Sco 38	18 Aqu 01	19 Tau 02	19 Leo 54
03	16 Tau 44	17 Leo 37	14 Sco 43	21 Aqu 07	21 Tau 59	22 Leo 51
04	19 Tau 42	20 Leo 34	17 Sco 48	24 Aqu 13	24 Tau 57	25 Leo 48
05	22 Tau 39	23 Leo 30	20 Sco 52	27 Aqu 19	27 Tau 54	28 Leo 45
06	25 Tau 36	26 Leo 27	23 Sco 58	00 Psc 24	00 Gem 50	01 Vir 42
07	28 Tau 33	29 Leo 24	27 Sco 03	03 Psc 29	03 Gem 47	04 Vir 39
08	01 Gem 30	02 Vir 22	00 Sag 09	06 Psc 34	06 Gem 44	07 Vir 37
09	04 Gem 27	05 Vir 19	03 Sag 15	09 Psc 39	09 Gem 40	10 Vir 35
10	07 Gem 23	08 Vir 17	06 Sag 21	12 Psc 43	12 Gem 36	13 Vir 33
11	10 Gem 19	11 Vir 15	09 Sag 27	15 Psc 47	15 Gem 32	16 Vir 32
12	13 Gem 15	14 Vir 13	12 Sag 34	18 Psc 51	18 Gem 28	19 Vir 31
13	16 Gem 11	17 Vir 12	15 Sag 40	21 Psc 55	21 Gem 23	22 Vir 30
14	19 Gem 07	20 Vir 11	18 Sag 47	24 Psc 58	24 Gem 19	25 Vir 29
15	22 Gem 02	23 Vir 10	21 Sag 54	28 Psc 01	27 Gem 14	28 Vir 29
16	24 Gem 58	26 Vir 09	25 Sag 01	01 Ari 03	00 Can 10	01 Lib 29
17	27 Gem 53	29 Vir 09	28 Sag 08	04 Ari 05	03 Can 05	04 Lib 29
18	00 Can 49	02 Lib 09	01 Cap 15	07 Ari 07	06 Can 00	07 Lib 30
19	03 Can 44	05 Lib 09	04 Cap 23	10 Ari 09	08 Can 56	10 Lib 31
20	06 Can 39	08 Lib 10	07 Cap 30	13 Ari 10	11 Can 51	13 Lib 32
21	09 Can 35	11 Lib 11	10 Cap 37	16 Ari 11	14 Can 46	16 Lib 33
22	12 Can 30	14 Lib 12	13 Cap 45	19 Ari 12	17 Can 41	19 Lib 35
23	15 Can 25	17 Lib 14	16 Cap 52	22 Ari 12	20 Can 37	22 Lib 38
24	18 Can 20	20 Lib 16	19 Cap 59	25 Ari 12	23 Can 32	25 Lib 40
25	21 Can 16	23 Lib 18	23 Cap 07	28 Ari 12	26 Can 27	28 Lib 43
26	24 Can 11	26 Lib 21	26 Cap 14	01 Tau 11	29 Can 23	01 Sco 46
27	27 Can 06	29 Lib 24	29 Cap 21	04 Tau 10	02 Leo 18	04 Sco 49
28	00 Leo 02	02 Sco 27	02 Aqu 28	07 Tau 09	05 Leo 14	07 Sco 53
29	02 Leo 58	05 Sco 31	05 Aqu 35	10 Tau 08	08 Leo 10	10 Sco 57
30	05 Leo 53		08 Aqu 42	13 Tau 06	11 Leo 06	14 Sco 02
31	08 Leo 49		11 Aqu 48		14 Leo 02	

2032 (Midnight GMT)

Day	July	August	September	October	November	December
01	17 Sco 06	23 Aqu 32	27 Tau 14	25 Leo 08	28 Sco 46	02 Psc 07
02	20 Sco 11	26 Aqu 37	00 Gem 11	28 Leo 05	01 Sag 52	05 Psc 12
03	23 Sco 16	29 Aqu 43	03 Gem 08	01 Vir 02	04 Sag 58	08 Psc 16
04	26 Sco 22	02 Psc 48	06 Gem 04	03 Vir 60	08 Sag 04	11 Psc 21
05	29 Sco 27	05 Psc 53	09 Gem 00	06 Vir 57	11 Sag 10	14 Psc 25
06	02 Sag 33	08 Psc 58	11 Gem 57	09 Vir 55	14 Sag 17	17 Psc 29
07	05 Sag 39	12 Psc 02	14 Gem 53	12 Vir 54	17 Sag 24	20 Psc 33
08	08 Sag 45	15 Psc 06	17 Gem 48	15 Vir 52	20 Sag 30	23 Psc 36
09	11 Sag 52	18 Psc 10	20 Gem 44	18 Vir 51	23 Sag 37	26 Psc 39
10	14 Sag 59	21 Psc 14	23 Gem 40	21 Vir 50	26 Sag 45	29 Psc 42
11	18 Sag 05	24 Psc 17	26 Gem 35	24 Vir 49	29 Sag 52	02 Ari 44
12	21 Sag 12	27 Psc 20	29 Gem 31	27 Vir 49	02 Cap 59	05 Ari 46
13	24 Sag 19	00 Ari 22	02 Can 26	00 Lib 49	06 Cap 06	08 Ari 48
14	27 Sag 26	03 Ari 25	05 Can 21	03 Lib 49	09 Cap 14	11 Ari 49
15	00 Cap 33	06 Ari 27	08 Can 16	06 Lib 49	12 Cap 21	14 Ari 50
16	03 Cap 41	09 Ari 28	11 Can 12	09 Lib 50	15 Cap 28	17 Ari 51
17	06 Cap 48	12 Ari 30	14 Can 07	12 Lib 51	18 Cap 36	20 Ari 52
18	09 Cap 55	15 Ari 31	17 Can 02	15 Lib 53	21 Cap 43	23 Ari 52
19	13 Cap 03	18 Ari 32	19 Can 57	18 Lib 55	24 Cap 50	26 Ari 52
20	16 Cap 10	21 Ari 32	22 Can 53	21 Lib 57	27 Cap 57	29 Ari 51
21	19 Cap 17	24 Ari 32	25 Can 48	24 Lib 59	01 Aqu 04	02 Tau 51
22	22 Cap 25	27 Ari 32	28 Can 44	28 Lib 02	04 Aqu 11	05 Tau 49
23	25 Cap 32	00 Tau 31	01 Leo 39	01 Sco 05	07 Aqu 18	08 Tau 48
24	28 Cap 39	03 Tau 31	04 Leo 35	04 Sco 09	10 Aqu 25	11 Tau 47
25	01 Aqu 46	06 Tau 29	07 Leo 31	07 Sco 12	13 Aqu 31	14 Tau 45
26	04 Aqu 53	09 Tau 28	10 Leo 26	10 Sco 16	16 Aqu 38	17 Tau 43
27	07 Aqu 60	12 Tau 26	13 Leo 22	13 Sco 20	19 Aqu 44	20 Tau 40
28	11 Aqu 07	15 Tau 24	16 Leo 19	16 Sco 25	22 Aqu 50	23 Tau 37
29	14 Aqu 13	18 Tau 22	19 Leo 15	19 Sco 30	25 Aqu 56	26 Tau 35
30	17 Aqu 19	21 Tau 20	22 Leo 12	22 Sco 35	29 Aqu 01	29 Tau 32
31	20 Aqu 26	24 Tau 17		25 Sco 40		02 Gem 28

2033 (Midnight GMT)

Day	January	February	March	April	May	June
01	05 Gem 25	06 Vir 18	01 Sag 10	07 Psc 35	07 Gem 42	08 Vir 36
02	08 Gem 21	09 Vir 16	04 Sag 16	10 Psc 40	10 Gem 38	11 Vir 34
03	11 Gem 17	12 Vir 14	07 Sag 22	13 Psc 44	13 Gem 34	14 Vir 32
04	14 Gem 13	15 Vir 12	10 Sag 29	16 Psc 48	16 Gem 30	17 Vir 31
05	17 Gem 09	18 Vir 11	13 Sag 35	19 Psc 52	19 Gem 26	20 Vir 30
06	20 Gem 05	21 Vir 10	16 Sag 42	22 Psc 55	22 Gem 21	23 Vir 29
07	23 Gem 00	24 Vir 09	19 Sag 49	25 Psc 58	25 Gem 17	26 Vir 28
08	25 Gem 56	27 Vir 09	22 Sag 56	29 Psc 01	28 Gem 12	29 Vir 28
09	28 Gem 51	00 Lib 08	26 Sag 03	02 Ari 03	01 Can 08	02 Lib 28
10	01 Can 47	03 Lib 09	29 Sag 10	05 Ari 06	04 Can 03	05 Lib 29
11	04 Can 42	06 Lib 09	02 Cap 17	08 Ari 07	06 Can 58	08 Lib 29
12	07 Can 37	09 Lib 10	05 Cap 24	11 Ari 09	09 Can 53	11 Lib 30
13	10 Can 33	12 Lib 11	08 Cap 32	14 Ari 10	12 Can 49	14 Lib 32
14	13 Can 28	15 Lib 12	11 Cap 39	17 Ari 11	15 Can 44	17 Lib 33
15	16 Can 23	18 Lib 14	14 Cap 46	20 Ari 11	18 Can 39	20 Lib 35
16	19 Can 18	21 Lib 16	17 Cap 54	23 Ari 12	21 Can 34	23 Lib 38
17	22 Can 14	24 Lib 19	21 Cap 01	26 Ari 12	24 Can 30	26 Lib 40
18	25 Can 09	27 Lib 21	24 Cap 08	29 Ari 11	27 Can 25	29 Lib 43
19	28 Can 04	00 Sco 24	27 Cap 16	02 Tau 11	00 Leo 21	02 Sco 47
20	00 Leo 60	03 Sco 28	00 Aqu 23	05 Tau 10	03 Leo 16	05 Sco 50
21	03 Leo 56	06 Sco 31	03 Aqu 30	08 Tau 08	06 Leo 12	08 Sco 54
22	06 Leo 51	09 Sco 35	06 Aqu 37	11 Tau 07	09 Leo 08	11 Sco 58
23	09 Leo 47	12 Sco 39	09 Aqu 43	14 Tau 05	12 Leo 04	15 Sco 03
24	12 Leo 43	15 Sco 44	12 Aqu 50	17 Tau 03	14 Leo 60	18 Sco 07
25	15 Leo 39	18 Sco 49	15 Aqu 56	20 Tau 00	17 Leo 56	21 Sco 12
26	18 Leo 36	21 Sco 54	19 Aqu 02	22 Tau 58	20 Leo 53	24 Sco 17
27	21 Leo 32	24 Sco 59	22 Aqu 08	25 Tau 55	23 Leo 49	27 Sco 23
28	24 Leo 29	28 Sco 04	25 Aqu 14	28 Tau 52	26 Leo 46	00 Sag 29
29	27 Leo 26		28 Aqu 20	01 Gem 49	29 Leo 43	03 Sag 35
30	00 Vir 23		01 Psc 25	04 Gem 45	02 Vir 41	06 Sag 41
31	03 Vir 20		04 Psc 30		05 Vir 38	

2033 (Midnight GMT)

Day	July	August	September	October	November	December
01	09 Sag 47	16 Psc 07	18 Gem 46	16 Vir 51	21 Sag 32	24 Psc 36
02	12 Sag 53	19 Psc 11	21 Gem 42	19 Vir 50	24 Sag 39	27 Psc 39
03	16 Sag 00	22 Psc 14	24 Gem 38	22 Vir 49	27 Sag 46	00 Ari 42
04	19 Sag 07	25 Psc 17	27 Gem 33	25 Vir 48	00 Cap 53	03 Ari 44
05	22 Sag 14	28 Psc 20	00 Can 28	28 Vir 48	04 Cap 01	06 Ari 46
06	25 Sag 21	01 Ari 23	03 Can 24	01 Lib 48	07 Cap 08	09 Ari 48
07	28 Sag 28	04 Ari 25	06 Can 19	04 Lib 48	10 Cap 15	12 Ari 49
08	01 Cap 35	07 Ari 27	09 Can 14	07 Lib 49	13 Cap 23	15 Ari 50
09	04 Cap 43	10 Ari 28	12 Can 10	10 Lib 50	16 Cap 30	18 Ari 51
10	07 Cap 50	13 Ari 30	15 Can 05	13 Lib 51	19 Cap 37	21 Ari 51
11	10 Cap 57	16 Ari 31	18 Can 00	16 Lib 53	22 Cap 45	24 Ari 51
12	14 Cap 05	19 Ari 31	20 Can 55	19 Lib 55	25 Cap 52	27 Ari 51
13	17 Cap 12	22 Ari 31	23 Can 51	22 Lib 57	28 Cap 59	00 Tau 50
14	20 Cap 19	25 Ari 31	26 Can 46	25 Lib 60	02 Aqu 06	03 Tau 50
15	23 Cap 27	28 Ari 31	29 Can 42	29 Lib 02	05 Aqu 13	06 Tau 48
16	26 Cap 34	01 Tau 31	02 Leo 37	02 Sco 06	08 Aqu 20	09 Tau 47
17	29 Cap 41	04 Tau 30	05 Leo 33	05 Sco 09	11 Aqu 27	12 Tau 45
18	02 Aqu 48	07 Tau 28	08 Leo 29	08 Sco 13	14 Aqu 33	15 Tau 43
19	05 Aqu 55	10 Tau 27	11 Leo 24	11 Sco 17	17 Aqu 39	18 Tau 41
20	09 Aqu 02	13 Tau 25	14 Leo 21	14 Sco 21	20 Aqu 45	21 Tau 39
21	12 Aqu 08	16 Tau 23	17 Leo 17	17 Sco 26	23 Aqu 51	24 Tau 36
22	15 Aqu 15	19 Tau 21	20 Leo 13	20 Sco 31	26 Aqu 57	27 Tau 33
23	18 Aqu 21	22 Tau 18	23 Leo 10	23 Sco 36	00 Psc 02	00 Gem 30
24	21 Aqu 27	25 Tau 16	26 Leo 07	26 Sco 41	03 Psc 08	03 Gem 27
25	24 Aqu 33	28 Tau 13	29 Leo 04	29 Sco 47	06 Psc 13	06 Gem 23
26	27 Aqu 38	01 Gem 09	02 Vir 01	02 Sag 53	09 Psc 17	09 Gem 19
27	00 Psc 44	04 Gem 06	04 Vir 58	05 Sag 59	12 Psc 22	12 Gem 15
28	03 Psc 49	07 Gem 02	07 Vir 56	09 Sag 05	15 Psc 26	15 Gem 11
29	06 Psc 54	09 Gem 59	10 Vir 54	12 Sag 12	18 Psc 30	18 Gem 07
30	09 Psc 59	12 Gem 55	13 Vir 52	15 Sag 18	21 Psc 33	21 Gem 03
31	13 Psc 03	15 Gem 51		18 Sag 25		23 Gem 58

2034 (Midnight GMT)

Day	January	February	March	April	May	June
01	26 Gem 54	28 Vir 08	23 Sag 57	00 Ari 01	29 Gem 10	00 Lib 28
02	29 Gem 49	01 Lib 08	27 Sag 04	03 Ari 04	02 Can 05	03 Lib 28
03	02 Can 45	04 Lib 08	00 Cap 12	06 Ari 06	05 Can 01	06 Lib 28
04	05 Can 40	07 Lib 09	03 Cap 19	09 Ari 07	07 Can 56	09 Lib 29
05	08 Can 35	10 Lib 10	06 Cap 26	12 Ari 09	10 Can 51	12 Lib 30
06	11 Can 30	13 Lib 11	09 Cap 34	15 Ari 10	13 Can 47	15 Lib 32
07	14 Can 26	16 Lib 12	12 Cap 41	18 Ari 11	16 Can 42	18 Lib 33
08	17 Can 21	19 Lib 14	15 Cap 48	21 Ari 11	19 Can 37	21 Lib 36
09	20 Can 16	22 Lib 16	18 Cap 56	24 Ari 11	22 Can 32	24 Lib 38
10	23 Can 11	25 Lib 19	22 Cap 03	27 Ari 11	25 Can 28	27 Lib 41
11	26 Can 07	28 Lib 22	25 Cap 10	00 Tau 10	28 Can 23	00 Sco 44
12	29 Can 02	01 Sco 25	28 Cap 17	03 Tau 10	01 Leo 19	03 Sco 47
13	01 Leo 58	04 Sco 28	01 Aqu 24	06 Tau 09	04 Leo 14	06 Sco 51
14	04 Leo 54	07 Sco 32	04 Aqu 31	09 Tau 07	07 Leo 10	09 Sco 55
15	07 Leo 49	10 Sco 36	07 Aqu 38	12 Tau 06	10 Leo 06	12 Sco 59
16	10 Leo 45	13 Sco 40	10 Aqu 45	15 Tau 04	13 Leo 02	16 Sco 03
17	13 Leo 41	16 Sco 45	13 Aqu 51	18 Tau 02	15 Leo 58	19 Sco 08
18	16 Leo 37	19 Sco 50	16 Aqu 58	20 Tau 59	18 Leo 54	22 Sco 13
19	19 Leo 34	22 Sco 55	20 Aqu 04	23 Tau 56	21 Leo 51	25 Sco 19
20	22 Leo 30	26 Sco 00	23 Aqu 10	26 Tau 54	24 Leo 48	28 Sco 24
21	25 Leo 27	29 Sco 06	26 Aqu 16	29 Tau 50	27 Leo 45	01 Sag 30
22	28 Leo 24	02 Sag 11	29 Aqu 21	02 Gem 47	00 Vir 42	04 Sag 36
23	01 Vir 21	05 Sag 18	02 Psc 26	05 Gem 44	03 Vir 39	07 Sag 42
24	04 Vir 19	08 Sag 24	05 Psc 31	08 Gem 40	06 Vir 37	10 Sag 49
25	07 Vir 16	11 Sag 30	08 Psc 36	11 Gem 36	09 Vir 35	13 Sag 55
26	10 Vir 14	14 Sag 37	11 Psc 41	14 Gem 32	12 Vir 33	17 Sag 02
27	13 Vir 13	17 Sag 43	14 Psc 45	17 Gem 28	15 Vir 31	20 Sag 09
28	16 Vir 11	20 Sag 50	17 Psc 49	20 Gem 24	18 Vir 30	23 Sag 16
29	19 Vir 10		20 Psc 52	23 Gem 19	21 Vir 29	26 Sag 23
30	22 Vir 09		23 Psc 56	26 Gem 15	24 Vir 28	29 Sag 30
31	25 Vir 08		26 Psc 59		27 Vir 28	

2034 (Midnight GMT)

Day	July	August	September	October	November	December
01	02 Cap 37	08 Ari 27	10 Can 12	08 Lib 49	14 Cap 25	16 Ari 50
02	05 Cap 44	11 Ari 28	13 Can 07	11 Lib 50	17 Cap 32	19 Ari 50
03	08 Cap 52	14 Ari 29	16 Can 03	14 Lib 51	20 Cap 39	22 Ari 51
04	11 Cap 59	17 Ari 30	18 Can 58	17 Lib 53	23 Cap 47	25 Ari 51
05	15 Cap 06	20 Ari 31	21 Can 53	20 Lib 55	26 Cap 54	28 Ari 50
06	18 Cap 14	23 Ari 31	24 Can 49	23 Lib 57	00 Aqu 01	01 Tau 50
07	21 Cap 21	26 Ari 31	27 Can 44	26 Lib 60	03 Aqu 08	04 Tau 49
08	24 Cap 28	29 Ari 30	00 Leo 39	00 Sco 03	06 Aqu 15	07 Tau 47
09	27 Cap 36	02 Tau 30	03 Leo 35	03 Sco 06	09 Aqu 22	10 Tau 46
10	00 Aqu 43	05 Tau 29	06 Leo 31	06 Sco 10	12 Aqu 28	13 Tau 44
11	03 Aqu 50	08 Tau 27	09 Leo 27	09 Sco 14	15 Aqu 35	16 Tau 42
12	06 Aqu 56	11 Tau 26	12 Leo 23	12 Sco 18	18 Aqu 41	19 Tau 40
13	10 Aqu 03	14 Tau 24	15 Leo 19	15 Sco 22	21 Aqu 47	22 Tau 37
14	13 Aqu 10	17 Tau 22	18 Leo 15	18 Sco 27	24 Aqu 53	25 Tau 34
15	16 Aqu 16	20 Tau 19	21 Leo 12	21 Sco 32	27 Aqu 58	28 Tau 31
16	19 Aqu 22	23 Tau 17	24 Leo 08	24 Sco 37	01 Psc 04	01 Gem 28
17	22 Aqu 28	26 Tau 14	27 Leo 05	27 Sco 43	04 Psc 09	04 Gem 25
18	25 Aqu 34	29 Tau 11	00 Vir 02	00 Sag 48	07 Psc 14	07 Gem 21
19	28 Aqu 40	02 Gem 08	02 Vir 60	03 Sag 54	10 Psc 18	10 Gem 17
20	01 Psc 45	05 Gem 04	05 Vir 57	07 Sag 01	13 Psc 23	13 Gem 13
21	04 Psc 50	08 Gem 01	08 Vir 55	10 Sag 07	16 Psc 27	16 Gem 09
22	07 Psc 55	10 Gem 57	11 Vir 53	13 Sag 13	19 Psc 30	19 Gem 05
23	10 Psc 59	13 Gem 53	14 Vir 51	16 Sag 20	22 Psc 34	22 Gem 01
24	14 Psc 04	16 Gem 49	17 Vir 50	19 Sag 27	25 Psc 37	24 Gem 56
25	17 Psc 08	19 Gem 44	20 Vir 49	22 Sag 34	28 Psc 40	27 Gem 52
26	20 Psc 11	22 Gem 40	23 Vir 48	25 Sag 41	01 Ari 42	00 Can 47
27	23 Psc 15	25 Gem 36	26 Vir 48	28 Sag 48	04 Ari 44	03 Can 42
28	26 Psc 18	28 Gem 31	29 Vir 47	01 Cap 55	07 Ari 46	06 Can 38
29	29 Psc 20	01 Can 26	02 Lib 48	05 Cap 03	10 Ari 48	09 Can 33
30	02 Ari 23	04 Can 22	05 Lib 48	08 Cap 10	13 Ari 49	12 Can 28
31	05 Ari 25	07 Can 17		11 Cap 17		15 Can 23

2035 (Midnight GMT)

Day	January	February	March	April	May	June
01	18 Can 19	20 Lib 14	16 Cap 50	22 Ari 10	20 Can 35	22 Lib 36
02	21 Can 14	23 Lib 16	19 Cap 57	25 Ari 10	23 Can 30	25 Lib 38
03	24 Can 09	26 Lib 19	23 Cap 05	28 Ari 10	26 Can 26	28 Lib 41
04	27 Can 05	29 Lib 22	26 Cap 12	01 Tau 10	29 Can 21	01 Sco 44
05	00 Leo 00	02 Sco 25	29 Cap 19	04 Tau 09	02 Leo 17	04 Sco 48
06	02 Leo 56	05 Sco 29	02 Aqu 26	07 Tau 08	05 Leo 12	07 Sco 51
07	05 Leo 52	08 Sco 33	05 Aqu 33	10 Tau 06	08 Leo 08	10 Sco 56
08	08 Leo 47	11 Sco 37	08 Aqu 40	13 Tau 04	11 Leo 04	13 Sco 60
09	11 Leo 43	14 Sco 41	11 Aqu 46	16 Tau 02	14 Leo 00	17 Sco 04
10	14 Leo 39	17 Sco 46	14 Aqu 53	19 Tau 00	16 Leo 56	20 Sco 09
11	17 Leo 36	20 Sco 51	17 Aqu 59	21 Tau 58	19 Leo 53	23 Sco 14
12	20 Leo 32	23 Sco 56	21 Aqu 05	24 Tau 55	22 Leo 49	26 Sco 20
13	23 Leo 29	27 Sco 01	24 Aqu 11	27 Tau 52	25 Leo 46	29 Sco 25
14	26 Leo 26	00 Sag 07	27 Aqu 17	00 Gem 49	28 Leo 43	02 Sag 31
15	29 Leo 23	03 Sag 13	00 Psc 22	03 Gem 45	01 Vir 40	05 Sag 37
16	02 Vir 20	06 Sag 19	03 Psc 27	06 Gem 42	04 Vir 38	08 Sag 44
17	05 Vir 17	09 Sag 25	06 Psc 32	09 Gem 38	07 Vir 35	11 Sag 50
18	08 Vir 15	12 Sag 32	09 Psc 37	12 Gem 34	10 Vir 33	14 Sag 57
19	11 Vir 13	15 Sag 38	12 Psc 41	15 Gem 30	13 Vir 32	18 Sag 03
20	14 Vir 11	18 Sag 45	15 Psc 45	18 Gem 26	16 Vir 30	21 Sag 10
21	17 Vir 10	21 Sag 52	18 Psc 49	21 Gem 22	19 Vir 29	24 Sag 17
22	20 Vir 09	24 Sag 59	21 Psc 53	24 Gem 17	22 Vir 28	27 Sag 24
23	23 Vir 08	28 Sag 06	24 Psc 56	27 Gem 13	25 Vir 27	00 Cap 32
24	26 Vir 07	01 Cap 13	27 Psc 59	00 Can 08	28 Vir 27	03 Cap 39
25	29 Vir 07	04 Cap 21	01 Ari 01	03 Can 03	01 Lib 27	06 Cap 46
26	02 Lib 07	07 Cap 28	04 Ari 04	05 Can 59	04 Lib 27	09 Cap 54
27	05 Lib 08	10 Cap 35	07 Ari 06	08 Can 54	07 Lib 28	13 Cap 01
28	08 Lib 08	13 Cap 43	10 Ari 07	11 Can 49	10 Lib 29	16 Cap 08
29	11 Lib 09		13 Ari 08	14 Can 44	13 Lib 30	19 Cap 16
30	14 Lib 11		16 Ari 09	17 Can 40	16 Lib 32	22 Cap 23
31	17 Lib 12		19 Ari 10		19 Lib 34	

2035 (Midnight GMT)

Day	July	August	September	October	November	December
01	25 Cap 30	00 Tau 30	01 Leo 37	01 Sco 03	07 Aqu 16	08 Tau 46
02	28 Cap 37	03 Tau 29	04 Leo 33	04 Sco 07	10 Aqu 23	11 Tau 45
03	01 Aqu 44	06 Tau 28	07 Leo 29	07 Sco 10	13 Aqu 30	14 Tau 43
04	04 Aqu 51	09 Tau 26	10 Leo 25	10 Sco 14	16 Aqu 36	17 Tau 41
05	07 Aqu 58	12 Tau 25	13 Leo 21	13 Sco 19	19 Aqu 42	20 Tau 38
06	11 Aqu 05	15 Tau 23	16 Leo 17	16 Sco 23	22 Aqu 48	23 Tau 36
07	14 Aqu 11	18 Tau 20	19 Leo 13	19 Sco 28	25 Aqu 54	26 Tau 33
08	17 Aqu 18	21 Tau 18	22 Leo 10	22 Sco 33	28 Aqu 59	29 Tau 30
09	20 Aqu 24	24 Tau 15	25 Leo 07	25 Sco 38	02 Psc 05	02 Gem 27
10	23 Aqu 30	27 Tau 12	28 Leo 04	28 Sco 44	05 Psc 10	05 Gem 23
11	26 Aqu 35	00 Gem 09	01 Vir 01	01 Sag 50	08 Psc 15	08 Gem 19
12	29 Aqu 41	03 Gem 06	03 Vir 58	04 Sag 56	11 Psc 19	11 Gem 16
13	02 Psc 46	06 Gem 02	06 Vir 56	08 Sag 02	14 Psc 23	14 Gem 12
14	05 Psc 51	08 Gem 59	09 Vir 54	11 Sag 08	17 Psc 27	17 Gem 07
15	08 Psc 56	11 Gem 55	12 Vir 52	14 Sag 15	20 Psc 31	20 Gem 03
16	12 Psc 00	14 Gem 51	15 Vir 50	17 Sag 22	23 Psc 34	22 Gem 59
17	15 Psc 04	17 Gem 47	18 Vir 49	20 Sag 29	26 Psc 37	25 Gem 54
18	18 Psc 08	20 Gem 42	21 Vir 48	23 Sag 36	29 Psc 40	28 Gem 50
19	21 Psc 12	23 Gem 38	24 Vir 47	26 Sag 43	02 Ari 42	01 Can 45
20	24 Psc 15	26 Gem 33	27 Vir 47	29 Sag 50	05 Ari 44	04 Can 40
21	27 Psc 18	29 Gem 29	00 Lib 47	02 Cap 57	08 Ari 46	07 Can 36
22	00 Ari 21	02 Can 24	03 Lib 47	06 Cap 04	11 Ari 48	10 Can 31
23	03 Ari 23	05 Can 19	06 Lib 48	09 Cap 12	14 Ari 49	13 Can 26
24	06 Ari 25	08 Can 15	09 Lib 48	12 Cap 19	17 Ari 49	16 Can 21
25	09 Ari 27	11 Can 10	12 Lib 50	15 Cap 26	20 Ari 50	19 Can 17
26	12 Ari 28	14 Can 05	15 Lib 51	18 Cap 34	23 Ari 50	22 Can 12
27	15 Ari 29	17 Can 00	18 Lib 53	21 Cap 41	26 Ari 50	25 Can 07
28	18 Ari 30	19 Can 56	21 Lib 55	24 Cap 48	29 Ari 50	28 Can 03
29	21 Ari 30	22 Can 51	24 Lib 57	27 Cap 56	02 Tau 49	00 Leo 58
30	24 Ari 30	25 Can 46	28 Lib 00	01 Aqu 03	05 Tau 48	03 Leo 54
31	27 Ari 30	28 Can 42		04 Aqu 10		06 Leo 50

2036 (Midnight GMT)

Day	January	February	March	April	May	June
01	09 Leo 45	12 Sco 37	12 Aqu 48	17 Tau 01	14 Leo 58	18 Sco 05
02	12 Leo 41	15 Sco 42	15 Aqu 54	19 Tau 59	17 Leo 54	21 Sco 10
03	15 Leo 38	18 Sco 47	19 Aqu 01	22 Tau 56	20 Leo 51	24 Sco 16
04	18 Leo 34	21 Sco 52	22 Aqu 07	25 Tau 53	23 Leo 48	27 Sco 21
05	21 Leo 30	24 Sco 57	25 Aqu 12	28 Tau 50	26 Leo 44	00 Sag 27
06	24 Leo 27	28 Sco 03	28 Aqu 18	01 Gem 47	29 Leo 42	03 Sag 33
07	27 Leo 24	01 Sag 08	01 Psc 23	04 Gem 44	02 Vir 39	06 Sag 39
08	00 Vir 21	04 Sag 14	04 Psc 29	07 Gem 40	05 Vir 36	09 Sag 45
09	03 Vir 18	07 Sag 20	07 Psc 33	10 Gem 36	08 Vir 34	12 Sag 52
10	06 Vir 16	10 Sag 27	10 Psc 38	13 Gem 32	11 Vir 32	15 Sag 58
11	09 Vir 14	13 Sag 33	13 Psc 42	16 Gem 28	14 Vir 31	19 Sag 05
12	12 Vir 12	16 Sag 40	16 Psc 46	19 Gem 24	17 Vir 29	22 Sag 12
13	15 Vir 10	19 Sag 47	19 Psc 50	22 Gem 20	20 Vir 28	25 Sag 19
14	18 Vir 09	22 Sag 54	22 Psc 53	25 Gem 15	23 Vir 27	28 Sag 26
15	21 Vir 08	26 Sag 01	25 Psc 56	28 Gem 11	26 Vir 27	01 Cap 33
16	24 Vir 07	29 Sag 08	28 Psc 59	01 Can 06	29 Vir 26	04 Cap 41
17	27 Vir 07	02 Cap 15	02 Ari 02	04 Can 01	02 Lib 27	07 Cap 48
18	00 Lib 07	05 Cap 23	05 Ari 04	06 Can 56	05 Lib 27	10 Cap 55
19	03 Lib 07	08 Cap 30	08 Ari 06	09 Can 52	08 Lib 28	14 Cap 03
20	06 Lib 07	11 Cap 37	11 Ari 07	12 Can 47	11 Lib 29	17 Cap 10
21	09 Lib 08	14 Cap 45	14 Ari 08	15 Can 42	14 Lib 30	20 Cap 17
22	12 Lib 09	17 Cap 52	17 Ari 09	18 Can 37	17 Lib 32	23 Cap 25
23	15 Lib 11	20 Cap 59	20 Ari 10	21 Can 33	20 Lib 34	26 Cap 32
24	18 Lib 12	24 Cap 07	23 Ari 10	24 Can 28	23 Lib 36	29 Cap 39
25	21 Lib 14	27 Cap 14	26 Ari 10	27 Can 24	26 Lib 39	02 Aqu 46
26	24 Lib 17	00 Aqu 21	29 Ari 09	00 Leo 19	29 Lib 42	05 Aqu 53
27	27 Lib 19	03 Aqu 28	02 Tau 09	03 Leo 15	02 Sco 45	08 Aqu 60
28	00 Sco 22	06 Aqu 35	05 Tau 08	06 Leo 10	05 Sco 48	12 Aqu 06
29	03 Sco 26	09 Aqu 41	08 Tau 07	09 Leo 06	08 Sco 52	15 Aqu 13
30	06 Sco 29		11 Tau 05	12 Leo 02	11 Sco 56	18 Aqu 19
31	09 Sco 33		14 Tau 03		15 Sco 01	

2036 (Midnight GMT)

Day	July	August	September	October	November	December
01	21 Aqu 25	25 Tau 14	26 Leo 05	26 Sco 40	03 Psc 06	03 Gem 25
02	24 Aqu 31	28 Tau 11	29 Leo 02	29 Sco 45	06 Psc 11	06 Gem 21
03	27 Aqu 37	01 Gem 08	01 Vir 59	02 Sag 51	09 Psc 16	09 Gem 18
04	00 Psc 42	04 Gem 04	04 Vir 57	05 Sag 57	12 Psc 20	12 Gem 14
05	03 Psc 47	07 Gem 01	07 Vir 54	09 Sag 04	15 Psc 24	15 Gem 10
06	06 Psc 52	09 Gem 57	10 Vir 52	12 Sag 10	18 Psc 28	18 Gem 05
07	09 Psc 57	12 Gem 53	13 Vir 51	15 Sag 17	21 Psc 31	21 Gem 01
08	13 Psc 01	15 Gem 49	16 Vir 49	18 Sag 23	24 Psc 35	23 Gem 57
09	16 Psc 05	18 Gem 45	19 Vir 48	21 Sag 30	27 Psc 38	26 Gem 52
10	19 Psc 09	21 Gem 40	22 Vir 47	24 Sag 37	00 Ari 40	29 Gem 48
11	22 Psc 12	24 Gem 36	25 Vir 47	27 Sag 44	03 Ari 42	02 Can 43
12	25 Psc 16	27 Gem 31	28 Vir 46	00 Cap 52	06 Ari 44	05 Can 38
13	28 Psc 18	00 Can 27	01 Lib 46	03 Cap 59	09 Ari 46	08 Can 33
14	01 Ari 21	03 Can 22	04 Lib 47	07 Cap 06	12 Ari 47	11 Can 29
15	04 Ari 23	06 Can 17	07 Lib 47	10 Cap 14	15 Ari 48	14 Can 24
16	07 Ari 25	09 Can 13	10 Lib 48	13 Cap 21	18 Ari 49	17 Can 19
17	10 Ari 27	12 Can 08	13 Lib 49	16 Cap 28	21 Ari 49	20 Can 14
18	13 Ari 28	15 Can 03	16 Lib 51	19 Cap 36	24 Ari 50	23 Can 10
19	16 Ari 29	17 Can 58	19 Lib 53	22 Cap 43	27 Ari 49	26 Can 05
20	19 Ari 29	20 Can 54	22 Lib 55	25 Cap 50	00 Tau 49	29 Can 01
21	22 Ari 30	23 Can 49	25 Lib 58	28 Cap 57	03 Tau 48	01 Leo 56
22	25 Ari 30	26 Can 44	29 Lib 01	02 Aqu 04	06 Tau 47	04 Leo 52
23	28 Ari 29	29 Can 40	02 Sco 04	05 Aqu 11	09 Tau 45	07 Leo 48
24	01 Tau 29	02 Leo 35	05 Sco 07	08 Aqu 18	12 Tau 44	10 Leo 43
25	04 Tau 28	05 Leo 31	08 Sco 11	11 Aqu 25	15 Tau 42	13 Leo 40
26	07 Tau 27	08 Leo 27	11 Sco 15	14 Aqu 31	18 Tau 39	16 Leo 36
27	10 Tau 25	11 Leo 23	14 Sco 20	17 Aqu 38	21 Tau 37	19 Leo 32
28	13 Tau 23	14 Leo 19	17 Sco 24	20 Aqu 44	24 Tau 34	22 Leo 29
29	16 Tau 21	17 Leo 15	20 Sco 29	23 Aqu 50	27 Tau 31	25 Leo 25
30	19 Tau 19	20 Leo 12	23 Sco 34	26 Aqu 55	00 Gem 28	28 Leo 22
31	22 Tau 17	23 Leo 08		00 Psc 01		01 Vir 20

2037 (Midnight GMT)

Day	January	February	March	April	May	June
01	04 Vir 17	08 Sag 22	05 Psc 30	08 Gem 38	06 Vir 35	10 Sag 47
02	07 Vir 15	11 Sag 28	08 Psc 34	11 Gem 34	09 Vir 33	13 Sag 53
03	10 Vir 13	14 Sag 35	11 Psc 39	14 Gem 30	12 Vir 31	16 Sag 60
04	13 Vir 11	17 Sag 42	14 Psc 43	17 Gem 26	15 Vir 29	20 Sag 07
05	16 Vir 09	20 Sag 49	17 Psc 47	20 Gem 22	18 Vir 28	23 Sag 14
06	19 Vir 08	23 Sag 56	20 Psc 50	23 Gem 17	21 Vir 27	26 Sag 21
07	22 Vir 07	27 Sag 03	23 Psc 54	26 Gem 13	24 Vir 26	29 Sag 28
08	25 Vir 06	00 Cap 10	26 Psc 57	29 Gem 08	27 Vir 26	02 Cap 35
09	28 Vir 06	03 Cap 17	29 Psc 59	02 Can 04	00 Lib 26	05 Cap 43
10	01 Lib 06	06 Cap 24	03 Ari 02	04 Can 59	03 Lib 26	08 Cap 50
11	04 Lib 06	09 Cap 32	06 Ari 04	07 Can 54	06 Lib 27	11 Cap 57
12	07 Lib 07	12 Cap 39	09 Ari 06	10 Can 50	09 Lib 27	15 Cap 05
13	10 Lib 08	15 Cap 46	12 Ari 07	13 Can 45	12 Lib 28	18 Cap 12
14	13 Lib 09	18 Cap 54	15 Ari 08	16 Can 40	15 Lib 30	21 Cap 19
15	16 Lib 11	22 Cap 01	18 Ari 09	19 Can 35	18 Lib 32	24 Cap 27
16	19 Lib 12	25 Cap 08	21 Ari 09	22 Can 31	21 Lib 34	27 Cap 34
17	22 Lib 15	28 Cap 16	24 Ari 09	25 Can 26	24 Lib 36	00 Aqu 41
18	25 Lib 17	01 Aqu 23	27 Ari 09	28 Can 21	27 Lib 39	03 Aqu 48
19	28 Lib 20	04 Aqu 30	00 Tau 09	01 Leo 17	00 Sco 42	06 Aqu 55
20	01 Sco 23	07 Aqu 36	03 Tau 08	04 Leo 13	03 Sco 45	10 Aqu 01
21	04 Sco 26	10 Aqu 43	06 Tau 07	07 Leo 08	06 Sco 49	13 Aqu 08
22	07 Sco 30	13 Aqu 50	09 Tau 05	10 Leo 04	09 Sco 53	16 Aqu 14
23	10 Sco 34	16 Aqu 56	12 Tau 04	13 Leo 00	12 Sco 57	19 Aqu 21
24	13 Sco 38	20 Aqu 02	15 Tau 02	15 Leo 56	16 Sco 02	22 Aqu 27
25	16 Sco 43	23 Aqu 08	17 Tau 60	18 Leo 53	19 Sco 06	25 Aqu 32
26	19 Sco 48	26 Aqu 14	20 Tau 57	21 Leo 49	22 Sco 12	28 Aqu 38
27	22 Sco 53	29 Aqu 19	23 Tau 55	24 Leo 46	25 Sco 17	01 Psc 43
28	25 Sco 58	02 Psc 25	26 Tau 52	27 Leo 43	28 Sco 22	04 Psc 48
29	29 Sco 04		29 Tau 49	00 Vir 40	01 Sag 28	07 Psc 53
30	02 Sag 10		02 Gem 45	03 Vir 37	04 Sag 34	10 Psc 58
31	05 Sag 16		05 Gem 42		07 Sag 40	

2037 (Midnight GMT)

Day	July	August	September	October	November	December
01	14 Psc 02	16 Gem 47	17 Vir 48	19 Sag 25	25 Psc 35	24 Gem 55
02	17 Psc 06	19 Gem 43	20 Vir 47	22 Sag 32	28 Psc 38	27 Gem 50
03	20 Psc 09	22 Gem 38	23 Vir 46	25 Sag 39	01 Ari 40	00 Can 45
04	23 Psc 13	25 Gem 34	26 Vir 46	28 Sag 46	04 Ari 43	03 Can 41
05	26 Psc 16	28 Gem 29	29 Vir 46	01 Cap 53	07 Ari 44	06 Can 36
06	29 Psc 19	01 Can 25	02 Lib 46	05 Cap 01	10 Ari 46	09 Can 31
07	02 Ari 21	04 Can 20	05 Lib 46	08 Cap 08	13 Ari 47	12 Can 27
08	05 Ari 23	07 Can 15	08 Lib 47	11 Cap 15	16 Ari 48	15 Can 22
09	08 Ari 25	10 Can 10	11 Lib 48	14 Cap 23	19 Ari 49	18 Can 17
10	11 Ari 26	13 Can 06	14 Lib 49	17 Cap 30	22 Ari 49	21 Can 12
11	14 Ari 28	16 Can 01	17 Lib 51	20 Cap 37	25 Ari 49	24 Can 08
12	17 Ari 28	18 Can 56	20 Lib 53	23 Cap 45	28 Ari 49	27 Can 03
13	20 Ari 29	21 Can 51	23 Lib 55	26 Cap 52	01 Tau 48	29 Can 59
14	23 Ari 29	24 Can 47	26 Lib 58	29 Cap 59	04 Tau 47	02 Leo 54
15	26 Ari 29	27 Can 42	00 Sco 01	03 Aqu 06	07 Tau 46	05 Leo 50
16	29 Ari 29	00 Leo 38	03 Sco 04	06 Aqu 13	10 Tau 44	08 Leo 46
17	02 Tau 28	03 Leo 33	06 Sco 08	09 Aqu 20	13 Tau 42	11 Leo 42
18	05 Tau 27	06 Leo 29	09 Sco 12	12 Aqu 26	16 Tau 40	14 Leo 38
19	08 Tau 26	09 Leo 25	12 Sco 16	15 Aqu 33	19 Tau 38	17 Leo 34
20	11 Tau 24	12 Leo 21	15 Sco 20	18 Aqu 39	22 Tau 36	20 Leo 30
21	14 Tau 22	15 Leo 17	18 Sco 25	21 Aqu 45	25 Tau 33	23 Leo 27
22	17 Tau 20	18 Leo 13	21 Sco 30	24 Aqu 51	28 Tau 30	26 Leo 24
23	20 Tau 18	21 Leo 10	24 Sco 35	27 Aqu 56	01 Gem 26	29 Leo 21
24	23 Tau 15	24 Leo 06	27 Sco 41	01 Psc 02	04 Gem 23	02 Vir 18
25	26 Tau 12	27 Leo 03	00 Sag 47	04 Psc 07	07 Gem 19	05 Vir 16
26	29 Tau 09	00 Vir 00	03 Sag 53	07 Psc 12	10 Gem 16	08 Vir 13
27	02 Gem 06	02 Vir 58	06 Sag 59	10 Psc 16	13 Gem 12	11 Vir 11
28	05 Gem 02	05 Vir 55	10 Sag 05	13 Psc 21	16 Gem 08	14 Vir 10
29	07 Gem 59	08 Vir 53	13 Sag 12	16 Psc 25	19 Gem 03	17 Vir 08
30	10 Gem 55	11 Vir 51	16 Sag 18	19 Psc 28	21 Gem 59	20 Vir 07
31	13 Gem 51	14 Vir 50		22 Psc 32		23 Vir 06

2038 (Midnight GMT)

Day	January	February	March	April	May	June
01	26 Vir 06	01 Cap 12	27 Psc 57	00 Can 06	28 Vir 25	03 Cap 37
02	29 Vir 05	04 Cap 19	00 Ari 60	03 Can 02	01 Lib 25	06 Cap 44
03	02 Lib 06	07 Cap 26	04 Ari 02	05 Can 57	04 Lib 26	09 Cap 52
04	05 Lib 06	10 Cap 34	07 Ari 04	08 Can 52	07 Lib 26	12 Cap 59
05	08 Lib 07	13 Cap 41	10 Ari 05	11 Can 47	10 Lib 27	16 Cap 07
06	11 Lib 08	16 Cap 48	13 Ari 07	14 Can 43	13 Lib 28	19 Cap 14
07	14 Lib 09	19 Cap 56	16 Ari 08	17 Can 38	16 Lib 30	22 Cap 21
08	17 Lib 10	23 Cap 03	19 Ari 08	20 Can 33	19 Lib 32	25 Cap 28
09	20 Lib 12	26 Cap 10	22 Ari 09	23 Can 29	22 Lib 34	28 Cap 36
10	23 Lib 15	29 Cap 17	25 Ari 09	26 Can 24	25 Lib 37	01 Aqu 43
11	26 Lib 17	02 Aqu 24	28 Ari 08	29 Can 19	28 Lib 39	04 Aqu 50
12	29 Lib 20	05 Aqu 31	01 Tau 08	02 Leo 15	01 Sco 42	07 Aqu 56
13	02 Sco 23	08 Aqu 38	04 Tau 07	05 Leo 11	04 Sco 46	11 Aqu 03
14	05 Sco 27	11 Aqu 45	07 Tau 06	08 Leo 06	07 Sco 50	14 Aqu 09
15	08 Sco 31	14 Aqu 51	10 Tau 04	11 Leo 02	10 Sco 54	17 Aqu 16
16	11 Sco 35	17 Aqu 57	13 Tau 03	13 Leo 58	13 Sco 58	20 Aqu 22
17	14 Sco 39	21 Aqu 03	16 Tau 01	16 Leo 55	17 Sco 03	23 Aqu 28
18	17 Sco 44	24 Aqu 09	18 Tau 58	19 Leo 51	20 Sco 08	26 Aqu 34
19	20 Sco 49	27 Aqu 15	21 Tau 56	22 Leo 48	23 Sco 13	29 Aqu 39
20	23 Sco 54	00 Psc 20	24 Tau 53	25 Leo 44	26 Sco 18	02 Psc 44
21	26 Sco 59	03 Psc 26	27 Tau 50	28 Leo 41	29 Sco 24	05 Psc 49
22	00 Sag 05	06 Psc 31	00 Gem 47	01 Vir 39	02 Sag 30	08 Psc 54
23	03 Sag 11	09 Psc 35	03 Gem 44	04 Vir 36	05 Sag 36	11 Psc 58
24	06 Sag 17	12 Psc 40	06 Gem 40	07 Vir 34	08 Sag 42	15 Psc 03
25	09 Sag 23	15 Psc 44	09 Gem 36	10 Vir 32	11 Sag 48	18 Psc 06
26	12 Sag 30	18 Psc 47	12 Gem 32	13 Vir 30	14 Sag 55	21 Psc 10
27	15 Sag 37	21 Psc 51	15 Gem 28	16 Vir 28	18 Sag 02	24 Psc 13
28	18 Sag 43	24 Psc 54	18 Gem 24	19 Vir 27	21 Sag 09	27 Psc 16
29	21 Sag 50		21 Gem 20	22 Vir 26	24 Sag 16	00 Ari 19
30	24 Sag 57		24 Gem 15	25 Vir 26	27 Sag 23	03 Ari 21
31	28 Sag 04		27 Gem 11		00 Cap 30	

2038 (Midnight GMT)

Day	July	August	September	October	November	December
01	06 Ari 23	08 Can 13	09 Lib 47	12 Cap 17	17 Ari 48	16 Can 20
02	09 Ari 25	11 Can 08	12 Lib 48	15 Cap 25	20 Ari 48	19 Can 15
03	12 Ari 26	14 Can 04	15 Lib 49	18 Cap 32	23 Ari 48	22 Can 10
04	15 Ari 27	16 Can 59	18 Lib 51	21 Cap 39	26 Ari 48	25 Can 06
05	18 Ari 28	19 Can 54	21 Lib 53	24 Cap 47	29 Ari 48	28 Can 01
06	21 Ari 28	22 Can 49	24 Lib 56	27 Cap 54	02 Tau 47	00 Leo 57
07	24 Ari 29	25 Can 45	27 Lib 58	01 Aqu 01	05 Tau 46	03 Leo 52
08	27 Ari 28	28 Can 40	01 Sco 02	04 Aqu 08	08 Tau 45	06 Leo 48
09	00 Tau 28	01 Leo 36	04 Sco 05	07 Aqu 15	11 Tau 43	09 Leo 44
10	03 Tau 27	04 Leo 31	07 Sco 09	10 Aqu 21	14 Tau 41	12 Leo 40
11	06 Tau 26	07 Leo 27	10 Sco 13	13 Aqu 28	17 Tau 39	15 Leo 36
12	09 Tau 25	10 Leo 23	13 Sco 17	16 Aqu 34	20 Tau 37	18 Leo 32
13	12 Tau 23	13 Leo 19	16 Sco 21	19 Aqu 40	23 Tau 34	21 Leo 29
14	15 Tau 21	16 Leo 15	19 Sco 26	22 Aqu 46	26 Tau 31	24 Leo 25
15	18 Tau 19	19 Leo 12	22 Sco 31	25 Aqu 52	29 Tau 28	27 Leo 22
16	21 Tau 16	22 Leo 08	25 Sco 37	28 Aqu 58	02 Gem 25	00 Vir 19
17	24 Tau 14	25 Leo 05	28 Sco 42	02 Psc 03	05 Gem 21	03 Vir 17
18	27 Tau 11	28 Leo 02	01 Sag 48	05 Psc 08	08 Gem 18	06 Vir 14
19	00 Gem 08	00 Vir 59	04 Sag 54	08 Psc 13	11 Gem 14	09 Vir 12
20	03 Gem 04	03 Vir 56	08 Sag 00	11 Psc 17	14 Gem 10	12 Vir 10
21	06 Gem 01	06 Vir 54	11 Sag 07	14 Psc 22	17 Gem 06	15 Vir 09
22	08 Gem 57	09 Vir 52	14 Sag 13	17 Psc 25	20 Gem 01	18 Vir 07
23	11 Gem 53	12 Vir 50	17 Sag 20	20 Psc 29	22 Gem 57	21 Vir 06
24	14 Gem 49	15 Vir 49	20 Sag 27	23 Psc 32	25 Gem 53	24 Vir 05
25	17 Gem 45	18 Vir 47	23 Sag 34	26 Psc 35	28 Gem 48	27 Vir 05
26	20 Gem 41	21 Vir 46	26 Sag 41	29 Psc 38	01 Can 43	00 Lib 05
27	23 Gem 36	24 Vir 46	29 Sag 48	02 Ari 41	04 Can 39	03 Lib 05
28	26 Gem 32	27 Vir 45	02 Cap 55	05 Ari 43	07 Can 34	06 Lib 05
29	29 Gem 27	00 Lib 45	06 Cap 03	08 Ari 44	10 Can 29	09 Lib 06
30	02 Can 22	03 Lib 45	09 Cap 10	11 Ari 46	13 Can 24	12 Lib 07
31	05 Can 18	06 Lib 46		14 Ari 47		15 Lib 09

2039 (Midnight GMT)

Day	January	February	March	April	May	June
01	18 Lib 11	24 Cap 05	20 Ari 08	21 Can 31	20 Lib 32	26 Cap 30
02	21 Lib 13	27 Cap 12	23 Ari 08	24 Can 26	23 Lib 34	29 Cap 37
03	24 Lib 15	00 Aqu 19	26 Ari 08	27 Can 22	26 Lib 37	02 Aqu 44
04	27 Lib 18	03 Aqu 26	29 Ari 08	00 Leo 17	29 Lib 40	05 Aqu 51
05	00 Sco 21	06 Aqu 33	02 Tau 07	03 Leo 13	02 Sco 43	08 Aqu 58
06	03 Sco 24	09 Aqu 40	05 Tau 06	06 Leo 09	05 Sco 47	12 Aqu 05
07	06 Sco 28	12 Aqu 46	08 Tau 05	09 Leo 04	08 Sco 50	15 Aqu 11
08	09 Sco 31	15 Aqu 53	11 Tau 03	12 Leo 00	11 Sco 55	18 Aqu 17
09	12 Sco 36	18 Aqu 59	14 Tau 01	14 Leo 56	14 Sco 59	21 Aqu 23
10	15 Sco 40	22 Aqu 05	16 Tau 59	17 Leo 53	18 Sco 04	24 Aqu 29
11	18 Sco 45	25 Aqu 11	19 Tau 57	20 Leo 49	21 Sco 09	27 Aqu 35
12	21 Sco 50	28 Aqu 16	22 Tau 54	23 Leo 46	24 Sco 14	00 Psc 40
13	24 Sco 55	01 Psc 22	25 Tau 52	26 Leo 43	27 Sco 19	03 Psc 45
14	28 Sco 01	04 Psc 27	28 Tau 49	29 Leo 40	00 Sag 25	06 Psc 50
15	01 Sag 06	07 Psc 32	01 Gem 45	02 Vir 37	03 Sag 31	09 Psc 55
16	04 Sag 12	10 Psc 36	04 Gem 42	05 Vir 35	06 Sag 37	12 Psc 59
17	07 Sag 19	13 Psc 40	07 Gem 38	08 Vir 32	09 Sag 43	16 Psc 03
18	10 Sag 25	16 Psc 44	10 Gem 34	11 Vir 30	12 Sag 50	19 Psc 07
19	13 Sag 32	19 Psc 48	13 Gem 31	14 Vir 29	15 Sag 56	22 Psc 11
20	16 Sag 38	22 Psc 51	16 Gem 26	17 Vir 27	19 Sag 03	25 Psc 14
21	19 Sag 45	25 Psc 55	19 Gem 22	20 Vir 26	22 Sag 10	28 Psc 17
22	22 Sag 52	28 Psc 57	22 Gem 18	23 Vir 25	25 Sag 17	01 Ari 19
23	25 Sag 59	01 Ari 60	25 Gem 13	26 Vir 25	28 Sag 24	04 Ari 21
24	29 Sag 06	05 Ari 02	28 Gem 09	29 Vir 25	01 Cap 32	07 Ari 23
25	02 Cap 13	08 Ari 04	01 Can 04	02 Lib 25	04 Cap 39	10 Ari 25
26	05 Cap 21	11 Ari 05	03 Can 59	05 Lib 25	07 Cap 46	13 Ari 26
27	08 Cap 28	14 Ari 07	06 Can 55	08 Lib 26	10 Cap 54	16 Ari 27
28	11 Cap 35	17 Ari 07	09 Can 50	11 Lib 27	14 Cap 01	19 Ari 28
29	14 Cap 43		12 Can 45	14 Lib 28	17 Cap 08	22 Ari 28
30	17 Cap 50		15 Can 40	17 Lib 30	20 Cap 16	25 Ari 28
31	20 Cap 57		18 Can 36		23 Cap 23	

2039 (Midnight GMT)

Day	July	August	September	October	November	December
01	28 Ari 28	29 Can 38	02 Sco 02	05 Aqu 09	09 Tau 44	07 Leo 46
02	01 Tau 27	02 Leo 34	05 Sco 06	08 Aqu 16	12 Tau 42	10 Leo 42
03	04 Tau 26	05 Leo 29	08 Sco 09	11 Aqu 23	15 Tau 40	13 Leo 38
04	07 Tau 25	08 Leo 25	11 Sco 13	14 Aqu 29	18 Tau 38	16 Leo 34
05	10 Tau 23	11 Leo 21	14 Sco 18	17 Aqu 36	21 Tau 35	19 Leo 30
06	13 Tau 22	14 Leo 17	17 Sco 22	20 Aqu 42	24 Tau 33	22 Leo 27
07	16 Tau 20	17 Leo 13	20 Sco 27	23 Aqu 48	27 Tau 30	25 Leo 24
08	19 Tau 17	20 Leo 10	23 Sco 32	26 Aqu 53	00 Gem 26	28 Leo 21
09	22 Tau 15	23 Leo 06	26 Sco 38	29 Aqu 59	03 Gem 23	01 Vir 18
10	25 Tau 12	26 Leo 03	29 Sco 44	03 Psc 04	06 Gem 20	04 Vir 15
11	28 Tau 09	29 Leo 00	02 Sag 49	06 Psc 09	09 Gem 16	07 Vir 13
12	01 Gem 06	01 Vir 57	05 Sag 55	09 Psc 14	12 Gem 12	10 Vir 11
13	04 Gem 03	04 Vir 55	09 Sag 02	12 Psc 18	15 Gem 08	13 Vir 09
14	06 Gem 59	07 Vir 53	12 Sag 08	15 Psc 22	18 Gem 04	16 Vir 08
15	09 Gem 55	10 Vir 51	15 Sag 15	18 Psc 26	20 Gem 59	19 Vir 06
16	12 Gem 51	13 Vir 49	18 Sag 22	21 Psc 30	23 Gem 55	22 Vir 05
17	15 Gem 47	16 Vir 47	21 Sag 28	24 Psc 33	26 Gem 50	25 Vir 05
18	18 Gem 43	19 Vir 46	24 Sag 36	27 Psc 36	29 Gem 46	28 Vir 04
19	21 Gem 39	22 Vir 45	27 Sag 43	00 Ari 38	02 Can 41	01 Lib 04
20	24 Gem 34	25 Vir 45	00 Cap 50	03 Ari 41	05 Can 36	04 Lib 05
21	27 Gem 30	28 Vir 45	03 Cap 57	06 Ari 43	08 Can 32	07 Lib 05
22	00 Can 25	01 Lib 45	07 Cap 04	09 Ari 44	11 Can 27	10 Lib 06
23	03 Can 20	04 Lib 45	10 Cap 12	12 Ari 46	14 Can 22	13 Lib 07
24	06 Can 16	07 Lib 45	13 Cap 19	15 Ari 47	17 Can 17	16 Lib 09
25	09 Can 11	10 Lib 46	16 Cap 27	18 Ari 47	20 Can 13	19 Lib 11
26	12 Can 06	13 Lib 48	19 Cap 34	21 Ari 48	23 Can 08	22 Lib 13
27	15 Can 01	16 Lib 49	22 Cap 41	24 Ari 48	26 Can 03	25 Lib 15
28	17 Can 57	19 Lib 51	25 Cap 48	27 Ari 48	28 Can 59	28 Lib 18
29	20 Can 52	22 Lib 53	28 Cap 55	00 Tau 47	01 Leo 54	01 Sco 21
30	23 Can 47	25 Lib 56	02 Aqu 03	03 Tau 46	04 Leo 50	04 Sco 25
31	26 Can 43	28 Lib 59		06 Tau 45		07 Sco 28

2040 (Midnight GMT)

Day	January	February	March	April	May	June
01	10 Sco 32	16 Aqu 54	15 Tau 00	15 Leo 55	15 Sco 60	22 Aqu 25
02	13 Sco 37	20 Aqu 00	17 Tau 58	18 Leo 51	19 Sco 05	25 Aqu 31
03	16 Sco 41	23 Aqu 06	20 Tau 56	21 Leo 48	22 Sco 10	28 Aqu 36
04	19 Sco 46	26 Aqu 12	23 Tau 53	24 Leo 44	25 Sco 15	01 Psc 41
05	22 Sco 51	29 Aqu 17	26 Tau 50	27 Leo 41	28 Sco 21	04 Psc 46
06	25 Sco 56	02 Psc 23	29 Tau 47	00 Vir 38	01 Sag 26	07 Psc 51
07	29 Sco 02	05 Psc 28	02 Gem 44	03 Vir 36	04 Sag 32	10 Psc 56
08	02 Sag 08	08 Psc 33	05 Gem 40	06 Vir 33	07 Sag 39	14 Psc 00
09	05 Sag 14	11 Psc 37	08 Gem 36	09 Vir 31	10 Sag 45	17 Psc 04
10	08 Sag 20	14 Psc 41	11 Gem 33	12 Vir 29	13 Sag 51	20 Psc 08
11	11 Sag 27	17 Psc 45	14 Gem 29	15 Vir 28	16 Sag 58	23 Psc 11
12	14 Sag 33	20 Psc 49	17 Gem 24	18 Vir 26	20 Sag 05	26 Psc 14
13	17 Sag 40	23 Psc 52	20 Gem 20	21 Vir 25	23 Sag 12	29 Psc 17
14	20 Sag 47	26 Psc 55	23 Gem 16	24 Vir 25	26 Sag 19	02 Ari 19
15	23 Sag 54	29 Psc 58	26 Gem 11	27 Vir 24	29 Sag 26	05 Ari 21
16	27 Sag 01	02 Ari 60	29 Gem 07	00 Lib 24	02 Cap 33	08 Ari 23
17	00 Cap 08	06 Ari 02	02 Can 02	03 Lib 24	05 Cap 41	11 Ari 25
18	03 Cap 15	09 Ari 04	04 Can 57	06 Lib 25	08 Cap 48	14 Ari 26
19	06 Cap 23	12 Ari 05	07 Can 53	09 Lib 26	11 Cap 55	17 Ari 27
20	09 Cap 30	15 Ari 06	10 Can 48	12 Lib 27	15 Cap 03	20 Ari 27
21	12 Cap 37	18 Ari 07	13 Can 43	15 Lib 28	18 Cap 10	23 Ari 27
22	15 Cap 45	21 Ari 07	16 Can 38	18 Lib 30	21 Cap 17	26 Ari 27
23	18 Cap 52	24 Ari 08	19 Can 34	21 Lib 32	24 Cap 25	29 Ari 27
24	21 Cap 59	27 Ari 07	22 Can 29	24 Lib 34	27 Cap 32	02 Tau 26
25	25 Cap 07	00 Tau 07	25 Can 24	27 Lib 37	00 Aqu 39	05 Tau 25
26	28 Cap 14	03 Tau 06	28 Can 20	00 Sco 40	03 Aqu 46	08 Tau 24
27	01 Aqu 21	06 Tau 05	01 Leo 15	03 Sco 44	06 Aqu 53	11 Tau 22
28	04 Aqu 28	09 Tau 04	04 Leo 11	06 Sco 47	09 Aqu 60	14 Tau 20
29	07 Aqu 35	12 Tau 02	07 Leo 07	09 Sco 51	13 Aqu 06	17 Tau 18
30	10 Aqu 41		10 Leo 02	12 Sco 55	16 Aqu 13	20 Tau 16
31	13 Aqu 48		12 Leo 58		19 Aqu 19	

2040 (Midnight GMT)

Day	July	August	September	October	November	December
01	23 Tau 13	24 Leo 05	27 Sco 39	01 Psc 00	04 Gem 21	02 Vir 16
02	26 Tau 11	27 Leo 02	00 Sag 45	04 Psc 05	07 Gem 18	05 Vir 14
03	29 Tau 07	29 Leo 59	03 Sag 51	07 Psc 10	10 Gem 14	08 Vir 12
04	02 Gem 04	02 Vir 56	06 Sag 57	10 Psc 15	13 Gem 10	11 Vir 10
05	05 Gem 01	05 Vir 54	10 Sag 03	13 Psc 19	16 Gem 06	14 Vir 08
06	07 Gem 57	08 Vir 51	13 Sag 10	16 Psc 23	19 Gem 02	17 Vir 07
07	10 Gem 53	11 Vir 50	16 Sag 16	19 Psc 27	21 Gem 57	20 Vir 05
08	13 Gem 49	14 Vir 48	19 Sag 23	22 Psc 30	24 Gem 53	23 Vir 05
09	16 Gem 45	17 Vir 46	22 Sag 30	25 Psc 33	27 Gem 48	26 Vir 04
10	19 Gem 41	20 Vir 45	25 Sag 37	28 Psc 36	00 Can 44	29 Vir 04
11	22 Gem 37	23 Vir 45	28 Sag 44	01 Ari 39	03 Can 39	02 Lib 04
12	25 Gem 32	26 Vir 44	01 Cap 52	04 Ari 41	06 Can 34	05 Lib 04
13	28 Gem 28	29 Vir 44	04 Cap 59	07 Ari 43	09 Can 30	08 Lib 05
14	01 Can 23	02 Lib 44	08 Cap 06	10 Ari 44	12 Can 25	11 Lib 06
15	04 Can 18	05 Lib 44	11 Cap 14	13 Ari 45	15 Can 20	14 Lib 07
16	07 Can 13	08 Lib 45	14 Cap 21	16 Ari 46	18 Can 15	17 Lib 09
17	10 Can 09	11 Lib 46	17 Cap 28	19 Ari 47	21 Can 11	20 Lib 11
18	13 Can 04	14 Lib 48	20 Cap 36	22 Ari 47	24 Can 06	23 Lib 13
19	15 Can 59	17 Lib 49	23 Cap 43	25 Ari 47	27 Can 01	26 Lib 16
20	18 Can 54	20 Lib 51	26 Cap 50	28 Ari 47	29 Can 57	29 Lib 18
21	21 Can 50	23 Lib 54	29 Cap 57	01 Tau 46	02 Leo 52	02 Sco 22
22	24 Can 45	26 Lib 56	03 Aqu 04	04 Tau 45	05 Leo 48	05 Sco 25
23	27 Can 41	29 Lib 59	06 Aqu 11	07 Tau 44	08 Leo 44	08 Sco 29
24	00 Leo 36	03 Sco 03	09 Aqu 18	10 Tau 42	11 Leo 40	11 Sco 33
25	03 Leo 32	06 Sco 06	12 Aqu 24	13 Tau 41	14 Leo 36	14 Sco 37
26	06 Leo 27	09 Sco 10	15 Aqu 31	16 Tau 39	17 Leo 32	17 Sco 42
27	09 Leo 23	12 Sco 14	18 Aqu 37	19 Tau 36	20 Leo 29	20 Sco 47
28	12 Leo 19	15 Sco 19	21 Aqu 43	22 Tau 34	23 Leo 25	23 Sco 52
29	15 Leo 15	18 Sco 23	24 Aqu 49	25 Tau 31	26 Leo 22	26 Sco 58
30	18 Leo 12	21 Sco 28	27 Aqu 55	28 Tau 28	29 Leo 19	00 Sag 03
31	21 Leo 08	24 Sco 34		01 Gem 25		03 Sag 09

2041 (Midnight GMT)

Day	January	February	March	April	May	June
01	06 Sag 15	12 Psc 38	06 Gem 38	07 Vir 32	08 Sag 40	15 Psc 01
02	09 Sag 22	15 Psc 42	09 Gem 35	10 Vir 30	11 Sag 46	18 Psc 05
03	12 Sag 28	18 Psc 46	12 Gem 31	13 Vir 28	14 Sag 53	21 Psc 08
04	15 Sag 35	21 Psc 49	15 Gem 27	16 Vir 27	17 Sag 60	24 Psc 12
05	18 Sag 42	24 Psc 52	18 Gem 22	19 Vir 25	21 Sag 07	27 Psc 14
06	21 Sag 48	27 Psc 55	21 Gem 18	22 Vir 25	24 Sag 14	00 Ari 17
07	24 Sag 55	00 Ari 58	24 Gem 14	25 Vir 24	27 Sag 21	03 Ari 19
08	28 Sag 03	04 Ari 00	27 Gem 09	28 Vir 24	00 Cap 28	06 Ari 21
09	01 Cap 10	07 Ari 02	00 Can 05	01 Lib 24	03 Cap 35	09 Ari 23
10	04 Cap 17	10 Ari 04	02 Can 60	04 Lib 24	06 Cap 43	12 Ari 25
11	07 Cap 24	13 Ari 05	05 Can 55	07 Lib 24	09 Cap 50	15 Ari 26
12	10 Cap 32	16 Ari 06	08 Can 50	10 Lib 25	12 Cap 57	18 Ari 26
13	13 Cap 39	19 Ari 07	11 Can 46	13 Lib 27	16 Cap 05	21 Ari 27
14	16 Cap 47	22 Ari 07	14 Can 41	16 Lib 28	19 Cap 12	24 Ari 27
15	19 Cap 54	25 Ari 07	17 Can 36	19 Lib 30	22 Cap 19	27 Ari 27
16	23 Cap 01	28 Ari 07	20 Can 31	22 Lib 32	25 Cap 27	00 Tau 26
17	26 Cap 08	01 Tau 06	23 Can 27	25 Lib 35	28 Cap 34	03 Tau 25
18	29 Cap 15	04 Tau 05	26 Can 22	28 Lib 38	01 Aqu 41	06 Tau 24
19	02 Aqu 22	07 Tau 04	29 Can 18	01 Sco 41	04 Aqu 48	09 Tau 23
20	05 Aqu 29	10 Tau 03	02 Leo 13	04 Sco 44	07 Aqu 55	12 Tau 21
21	08 Aqu 36	13 Tau 01	05 Leo 09	07 Sco 48	11 Aqu 01	15 Tau 19
22	11 Aqu 43	15 Tau 59	08 Leo 05	10 Sco 52	14 Aqu 08	18 Tau 17
23	14 Aqu 49	18 Tau 57	11 Leo 01	13 Sco 56	17 Aqu 14	21 Tau 15
24	17 Aqu 56	21 Tau 54	13 Leo 57	17 Sco 01	20 Aqu 20	24 Tau 12
25	21 Aqu 02	24 Tau 51	16 Leo 53	20 Sco 06	23 Aqu 26	27 Tau 09
26	24 Aqu 08	27 Tau 48	19 Leo 49	23 Sco 11	26 Aqu 32	00 Gem 06
27	27 Aqu 13	00 Gem 45	22 Leo 46	26 Sco 16	29 Aqu 37	03 Gem 03
28	00 Psc 19	03 Gem 42	25 Leo 43	29 Sco 22	02 Psc 43	05 Gem 59
29	03 Psc 24		28 Leo 40	02 Sag 28	05 Psc 47	08 Gem 55
30	06 Psc 29		01 Vir 37	05 Sag 34	08 Psc 52	11 Gem 51
31	09 Psc 33		04 Vir 34		11 Psc 57	

2041 (Midnight GMT)

Day	July	august	September	October	November	December
01	14 Gem 47	15 Vir 47	20 Sag 25	23 Psc 31	25 Gem 51	24 Vir 04
02	17 Gem 43	18 Vir 46	23 Sag 32	26 Psc 34	28 Gem 46	27 Vir 03
03	20 Gem 39	21 Vir 45	26 Sag 39	29 Psc 36	01 Can 42	00 Lib 03
04	23 Gem 35	24 Vir 44	29 Sag 46	02 Ari 39	04 Can 37	03 Lib 03
05	26 Gem 30	27 Vir 43	02 Cap 53	05 Ari 41	07 Can 32	06 Lib 04
06	29 Gem 25	00 Lib 43	06 Cap 01	08 Ari 43	10 Can 27	09 Lib 05
07	02 Can 21	03 Lib 44	09 Cap 08	11 Ari 44	13 Can 23	12 Lib 06
08	05 Can 16	06 Lib 44	12 Cap 15	14 Ari 45	16 Can 18	15 Lib 07
09	08 Can 11	09 Lib 45	15 Cap 23	17 Ari 46	19 Can 13	18 Lib 09
10	11 Can 07	12 Lib 46	18 Cap 30	20 Ari 46	22 Can 08	21 Lib 11
11	14 Can 02	15 Lib 48	21 Cap 37	23 Ari 47	25 Can 04	24 Lib 13
12	16 Can 57	18 Lib 49	24 Cap 45	26 Ari 46	27 Can 59	27 Lib 16
13	19 Can 52	21 Lib 51	27 Cap 52	29 Ari 46	00 Leo 55	00 Sco 19
14	22 Can 48	24 Lib 54	00 Aqu 59	02 Tau 45	03 Leo 50	03 Sco 22
15	25 Can 43	27 Lib 57	04 Aqu 06	05 Tau 44	06 Leo 46	06 Sco 26
16	28 Can 38	00 Sco 60	07 Aqu 13	08 Tau 43	09 Leo 42	09 Sco 30
17	01 Leo 34	04 Sco 03	10 Aqu 20	11 Tau 41	12 Leo 38	12 Sco 34
18	04 Leo 30	07 Sco 07	13 Aqu 26	14 Tau 39	15 Leo 34	15 Sco 38
19	07 Leo 25	10 Sco 11	16 Aqu 32	17 Tau 37	18 Leo 30	18 Sco 43
20	10 Leo 21	13 Sco 15	19 Aqu 39	20 Tau 35	21 Leo 27	21 Sco 48
21	13 Leo 17	16 Sco 20	22 Aqu 45	23 Tau 32	24 Leo 24	24 Sco 53
22	16 Leo 13	19 Sco 24	25 Aqu 50	26 Tau 29	27 Leo 21	27 Sco 59
23	19 Leo 10	22 Sco 29	28 Aqu 56	29 Tau 26	00 Vir 18	01 Sag 05
24	22 Leo 06	25 Sco 35	02 Psc 01	02 Gem 23	03 Vir 15	04 Sag 11
25	25 Leo 03	28 Sco 40	05 Psc 06	05 Gem 20	06 Vir 13	07 Sag 17
26	28 Leo 00	01 Sag 46	08 Psc 11	08 Gem 16	09 Vir 10	10 Sag 23
27	00 Vir 57	04 Sag 52	11 Psc 15	11 Gem 12	12 Vir 09	13 Sag 30
28	03 Vir 55	07 Sag 58	14 Psc 20	14 Gem 08	15 Vir 07	16 Sag 36
29	06 Vir 52	11 Sag 05	17 Psc 24	17 Gem 04	18 Vir 06	19 Sag 43
30	09 Vir 50	14 Sag 11	20 Psc 27	19 Gem 60	21 Vir 05	22 Sag 50
31	12 Vir 48	17 Sag 18		22 Gem 55		25 Sag 57

2042 (Midnight GMT)

Day	January	February	March	April	May	June
01	29 Sag 04	05 Ari 00	28 Gem 07	29 Vir 23	01 Cap 30	07 Ari 21
02	02 Cap 12	08 Ari 02	01 Can 02	02 Lib 23	04 Cap 37	10 Ari 23
03	05 Cap 19	11 Ari 04	03 Can 58	05 Lib 23	07 Cap 44	13 Ari 24
04	08 Cap 26	14 Ari 05	06 Can 53	08 Lib 24	10 Cap 52	16 Ari 25
05	11 Cap 34	17 Ari 06	09 Can 48	11 Lib 25	13 Cap 59	19 Ari 26
06	14 Cap 41	20 Ari 06	12 Can 44	14 Lib 26	17 Cap 07	22 Ari 26
07	17 Cap 48	23 Ari 06	15 Can 39	17 Lib 28	20 Cap 14	25 Ari 26
08	20 Cap 56	26 Ari 06	18 Can 34	20 Lib 30	23 Cap 21	28 Ari 26
09	24 Cap 03	29 Ari 06	21 Can 29	23 Lib 32	26 Cap 28	01 Tau 25
10	27 Cap 10	02 Tau 05	24 Can 25	26 Lib 35	29 Cap 35	04 Tau 24
11	00 Aqu 17	05 Tau 04	27 Can 20	29 Lib 38	02 Aqu 42	07 Tau 23
12	03 Aqu 24	08 Tau 03	00 Leo 16	02 Sco 41	05 Aqu 49	10 Tau 22
13	06 Aqu 31	11 Tau 02	03 Leo 11	05 Sco 45	08 Aqu 56	13 Tau 20
14	09 Aqu 38	13 Tau 60	06 Leo 07	08 Sco 49	12 Aqu 03	16 Tau 18
15	12 Aqu 44	16 Tau 58	09 Leo 03	11 Sco 53	15 Aqu 09	19 Tau 16
16	15 Aqu 51	19 Tau 55	11 Leo 59	14 Sco 57	18 Aqu 15	22 Tau 13
17	18 Aqu 57	22 Tau 53	14 Leo 55	18 Sco 02	21 Aqu 22	25 Tau 10
18	22 Aqu 03	25 Tau 50	17 Leo 51	21 Sco 07	24 Aqu 27	28 Tau 07
19	25 Aqu 09	28 Tau 47	20 Leo 48	24 Sco 12	27 Aqu 33	01 Gem 04
20	28 Aqu 14	01 Gem 44	23 Leo 44	27 Sco 17	00 Psc 38	04 Gem 01
21	01 Psc 20	04 Gem 40	26 Leo 41	00 Sag 23	03 Psc 44	06 Gem 57
22	04 Psc 25	07 Gem 37	29 Leo 38	03 Sag 29	06 Psc 48	09 Gem 53
23	07 Psc 30	10 Gem 33	02 Vir 35	06 Sag 35	09 Psc 53	12 Gem 50
24	10 Psc 34	13 Gem 29	05 Vir 33	09 Sag 42	12 Psc 57	15 Gem 45
25	13 Psc 39	16 Gem 25	08 Vir 31	12 Sag 48	16 Psc 02	18 Gem 41
26	16 Psc 43	19 Gem 20	11 Vir 29	15 Sag 55	19 Psc 05	21 Gem 37
27	19 Psc 46	22 Gem 16	14 Vir 27	19 Sag 01	22 Psc 09	24 Gem 32
28	22 Psc 50	25 Gem 12	17 Vir 26	22 Sag 08	25 Psc 12	27 Gem 28
29	25 Psc 53		20 Vir 25	25 Sag 15	28 Psc 15	00 Can 23
30	28 Psc 56		23 Vir 24	28 Sag 23	01 Ari 17	03 Can 19
31	01 Ari 58		26 Vir 23		04 Ari 20	

2042 (Midnight GMT)

Day	July	August	September	October	November	December
01	06 Can 14	07 Lib 44	13 Cap 17	15 Ari 45	17 Can 16	16 Lib 07
02	09 Can 09	10 Lib 45	16 Cap 25	18 Ari 46	20 Can 11	19 Lib 09
03	12 Can 04	13 Lib 46	19 Cap 32	21 Ari 46	23 Can 06	22 Lib 11
04	14 Can 60	16 Lib 48	22 Cap 39	24 Ari 46	26 Can 02	25 Lib 13
05	17 Can 55	19 Lib 49	25 Cap 47	27 Ari 46	28 Can 57	28 Lib 16
06	20 Can 50	22 Lib 52	28 Cap 54	00 Tau 45	01 Leo 53	01 Sco 19
07	23 Can 46	25 Lib 54	02 Aqu 01	03 Tau 44	04 Leo 48	04 Sco 23
08	26 Can 41	28 Lib 57	05 Aqu 08	06 Tau 43	07 Leo 44	07 Sco 26
09	29 Can 36	02 Sco 00	08 Aqu 14	09 Tau 42	10 Leo 40	10 Sco 30
10	02 Leo 32	05 Sco 04	11 Aqu 21	12 Tau 40	13 Leo 36	13 Sco 35
11	05 Leo 28	08 Sco 08	14 Aqu 28	15 Tau 38	16 Leo 32	16 Sco 39
12	08 Leo 23	11 Sco 12	17 Aqu 34	18 Tau 36	19 Leo 29	19 Sco 44
13	11 Leo 19	14 Sco 16	20 Aqu 40	21 Tau 34	22 Leo 25	22 Sco 49
14	14 Leo 15	17 Sco 21	23 Aqu 46	24 Tau 31	25 Leo 22	25 Sco 55
15	17 Leo 12	20 Sco 25	26 Aqu 52	27 Tau 28	28 Leo 19	29 Sco 00
16	20 Leo 08	23 Sco 31	29 Aqu 57	00 Gem 25	01 Vir 16	02 Sag 06
17	23 Leo 05	26 Sco 36	03 Psc 02	03 Gem 21	04 Vir 14	05 Sag 12
18	26 Leo 01	29 Sco 42	06 Psc 07	06 Gem 18	07 Vir 11	08 Sag 18
19	28 Leo 59	02 Sag 48	09 Psc 12	09 Gem 14	10 Vir 09	11 Sag 25
20	01 Vir 56	05 Sag 54	12 Psc 16	12 Gem 10	13 Vir 07	14 Sag 31
21	04 Vir 53	08 Sag 60	15 Psc 20	15 Gem 06	16 Vir 06	17 Sag 38
22	07 Vir 51	12 Sag 06	18 Psc 24	18 Gem 02	19 Vir 05	20 Sag 45
23	10 Vir 49	15 Sag 13	21 Psc 28	20 Gem 58	22 Vir 04	23 Sag 52
24	13 Vir 47	18 Sag 20	24 Psc 31	23 Gem 53	25 Vir 03	26 Sag 59
25	16 Vir 46	21 Sag 27	27 Psc 34	26 Gem 49	28 Vir 03	00 Cap 06
26	19 Vir 45	24 Sag 34	00 Ari 37	29 Gem 44	01 Lib 03	03 Cap 13
27	22 Vir 44	27 Sag 41	03 Ari 39	02 Can 39	04 Lib 03	06 Cap 21
28	25 Vir 43	00 Cap 48	06 Ari 41	05 Can 35	07 Lib 03	09 Cap 28
29	28 Vir 43	03 Cap 55	09 Ari 43	08 Can 30	10 Lib 04	12 Cap 35
30	01 Lib 43	07 Cap 03	12 Ari 44	11 Can 25	13 Lib 05	15 Cap 43
31	04 Lib 43	10 Cap 10		14 Can 21		18 Cap 50

2043 (Midnight GMT)

Day	January	February	March	April	May	June
01	21 Cap 57	27 Ari 06	19 Can 32	21 Lib 30	24 Cap 23	29 Ari 25
02	25 Cap 05	00 Tau 05	22 Can 27	24 Lib 33	27 Cap 30	02 Tau 24
03	28 Cap 12	03 Tau 04	25 Can 23	27 Lib 35	00 Aqu 37	05 Tau 23
04	01 Aqu 19	06 Tau 03	28 Can 18	00 Sco 38	03 Aqu 44	08 Tau 22
05	04 Aqu 26	09 Tau 02	01 Leo 14	03 Sco 42	06 Aqu 51	11 Tau 21
06	07 Aqu 33	12 Tau 00	04 Leo 09	06 Sco 45	09 Aqu 58	14 Tau 19
07	10 Aqu 39	14 Tau 58	07 Leo 05	09 Sco 49	13 Aqu 04	17 Tau 17
08	13 Aqu 46	17 Tau 56	10 Leo 01	12 Sco 54	16 Aqu 11	20 Tau 14
09	16 Aqu 52	20 Tau 54	12 Leo 57	15 Sco 58	19 Aqu 17	23 Tau 12
10	19 Aqu 58	23 Tau 51	15 Leo 53	19 Sco 03	22 Aqu 23	26 Tau 09
11	23 Aqu 04	26 Tau 48	18 Leo 49	22 Sco 08	25 Aqu 29	29 Tau 06
12	26 Aqu 10	29 Tau 45	21 Leo 46	25 Sco 13	28 Aqu 34	02 Gem 03
13	29 Aqu 16	02 Gem 42	24 Leo 43	28 Sco 19	01 Psc 40	04 Gem 59
14	02 Psc 21	05 Gem 38	27 Leo 39	01 Sag 25	04 Psc 45	07 Gem 55
15	05 Psc 26	08 Gem 35	00 Vir 37	04 Sag 31	07 Psc 49	10 Gem 52
16	08 Psc 31	11 Gem 31	03 Vir 34	07 Sag 37	10 Psc 54	13 Gem 48
17	11 Psc 35	14 Gem 27	06 Vir 32	10 Sag 43	13 Psc 58	16 Gem 43
18	14 Psc 39	17 Gem 23	09 Vir 29	13 Sag 50	17 Psc 02	19 Gem 39
19	17 Psc 43	20 Gem 18	12 Vir 28	16 Sag 56	20 Psc 06	22 Gem 35
20	20 Psc 47	23 Gem 14	15 Vir 26	20 Sag 03	23 Psc 09	25 Gem 30
21	23 Psc 50	26 Gem 10	18 Vir 25	23 Sag 10	26 Psc 12	28 Gem 26
22	26 Psc 53	29 Gem 05	21 Vir 24	26 Sag 17	29 Psc 15	01 Can 21
23	29 Psc 56	02 Can 00	24 Vir 23	29 Sag 24	02 Ari 18	04 Can 17
24	02 Ari 58	04 Can 56	27 Vir 22	02 Cap 32	05 Ari 20	07 Can 12
25	06 Ari 00	07 Can 51	00 Lib 22	05 Cap 39	08 Ari 21	10 Can 07
26	09 Ari 02	10 Can 46	03 Lib 23	08 Cap 46	11 Ari 23	13 Can 02
27	12 Ari 03	13 Can 41	06 Lib 23	11 Cap 54	14 Ari 24	15 Can 58
28	15 Ari 04	16 Can 37	09 Lib 24	15 Cap 01	17 Ari 25	18 Can 53
29	18 Ari 05		12 Lib 25	18 Cap 08	20 Ari 25	21 Can 48
30	21 Ari 06		15 Lib 26	21 Cap 16	23 Ari 26	24 Can 43
31	24 Ari 06		18 Lib 28		26 Ari 26	

87

2043 (Midnight GMT)

Day	July	August	September	October	November	December
01	27 Can 39	29 Lib 58	06 Aqu 09	07 Tau 42	08 Leo 42	08 Sco 27
02	00 Leo 34	03 Sco 01	09 Aqu 16	10 Tau 41	11 Leo 38	11 Sco 31
03	03 Leo 30	06 Sco 04	12 Aqu 23	13 Tau 39	14 Leo 34	14 Sco 36
04	06 Leo 26	09 Sco 08	15 Aqu 29	16 Tau 37	17 Leo 30	17 Sco 40
05	09 Leo 21	12 Sco 12	18 Aqu 35	19 Tau 35	20 Leo 27	20 Sco 45
06	12 Leo 17	15 Sco 17	21 Aqu 41	22 Tau 32	23 Leo 24	23 Sco 50
07	15 Leo 14	18 Sco 22	24 Aqu 47	25 Tau 29	26 Leo 20	26 Sco 56
08	18 Leo 10	21 Sco 27	27 Aqu 53	28 Tau 26	29 Leo 17	00 Sag 02
09	21 Leo 06	24 Sco 32	00 Psc 58	01 Gem 23	02 Vir 15	03 Sag 07
10	24 Leo 03	27 Sco 37	04 Psc 03	04 Gem 20	05 Vir 12	06 Sag 14
11	26 Leo 60	00 Sag 43	07 Psc 08	07 Gem 16	08 Vir 10	09 Sag 20
12	29 Leo 57	03 Sag 49	10 Psc 13	10 Gem 12	11 Vir 08	12 Sag 26
13	02 Vir 54	06 Sag 55	13 Psc 17	13 Gem 08	14 Vir 06	15 Sag 33
14	05 Vir 52	10 Sag 01	16 Psc 21	16 Gem 04	17 Vir 05	18 Sag 40
15	08 Vir 50	13 Sag 08	19 Psc 25	18 Gem 60	20 Vir 04	21 Sag 47
16	11 Vir 48	16 Sag 15	22 Psc 28	21 Gem 56	23 Vir 03	24 Sag 54
17	14 Vir 46	19 Sag 21	25 Psc 31	24 Gem 51	26 Vir 02	28 Sag 01
18	17 Vir 45	22 Sag 28	28 Psc 34	27 Gem 47	29 Vir 02	01 Cap 08
19	20 Vir 44	25 Sag 35	01 Ari 37	00 Can 42	02 Lib 02	04 Cap 15
20	23 Vir 43	28 Sag 43	04 Ari 39	03 Can 37	05 Lib 02	07 Cap 23
21	26 Vir 42	01 Cap 50	07 Ari 41	06 Can 33	08 Lib 03	10 Cap 30
22	29 Vir 42	04 Cap 57	10 Ari 42	09 Can 28	11 Lib 04	13 Cap 37
23	02 Lib 42	08 Cap 04	13 Ari 44	12 Can 23	14 Lib 05	16 Cap 45
24	05 Lib 43	11 Cap 12	16 Ari 45	15 Can 18	17 Lib 07	19 Cap 52
25	08 Lib 43	14 Cap 19	19 Ari 45	18 Can 14	20 Lib 09	22 Cap 59
26	11 Lib 44	17 Cap 27	22 Ari 45	21 Can 09	23 Lib 11	26 Cap 07
27	14 Lib 46	20 Cap 34	25 Ari 45	24 Can 04	26 Lib 14	29 Cap 14
28	17 Lib 48	23 Cap 41	28 Ari 45	26 Can 60	29 Lib 17	02 Aqu 21
29	20 Lib 50	26 Cap 48	01 Tau 44	29 Can 55	02 Sco 20	05 Aqu 28
30	23 Lib 52	29 Cap 55	04 Tau 43	02 Leo 51	05 Sco 23	08 Aqu 34
31	26 Lib 55	03 Aqu 02		05 Leo 46		11 Aqu 41

2044 (Midnight GMT)

Day	January	February	March	April	May	June
01	14 Aqu 47	18 Tau 55	13 Leo 55	16 Sco 59	20 Aqu 18	24 Tau 10
02	17 Aqu 54	21 Tau 52	16 Leo 51	20 Sco 04	23 Aqu 24	27 Tau 07
03	20 Aqu 60	24 Tau 50	19 Leo 48	23 Sco 09	26 Aqu 30	00 Gem 04
04	24 Aqu 06	27 Tau 47	22 Leo 44	26 Sco 14	29 Aqu 35	03 Gem 01
05	27 Aqu 11	00 Gem 44	25 Leo 41	29 Sco 20	02 Psc 41	05 Gem 57
06	00 Psc 17	03 Gem 40	28 Leo 38	02 Sag 26	05 Psc 46	08 Gem 54
07	03 Psc 22	06 Gem 37	01 Vir 35	05 Sag 32	08 Psc 50	11 Gem 50
08	06 Psc 27	09 Gem 33	04 Vir 33	08 Sag 38	11 Psc 55	14 Gem 46
09	09 Psc 32	12 Gem 29	07 Vir 30	11 Sag 45	14 Psc 59	17 Gem 41
10	12 Psc 36	15 Gem 25	10 Vir 28	14 Sag 51	18 Psc 03	20 Gem 37
11	15 Psc 40	18 Gem 21	13 Vir 26	17 Sag 58	21 Psc 06	23 Gem 33
12	18 Psc 44	21 Gem 16	16 Vir 25	21 Sag 05	24 Psc 10	26 Gem 28
13	21 Psc 47	24 Gem 12	19 Vir 24	24 Sag 12	27 Psc 13	29 Gem 24
14	24 Psc 51	27 Gem 07	22 Vir 23	27 Sag 19	00 Ari 15	02 Can 19
15	27 Psc 54	00 Can 03	25 Vir 22	00 Cap 26	03 Ari 18	05 Can 14
16	00 Ari 56	02 Can 58	28 Vir 22	03 Cap 33	06 Ari 20	08 Can 10
17	03 Ari 58	05 Can 54	01 Lib 22	06 Cap 41	09 Ari 21	11 Can 05
18	07 Ari 00	08 Can 49	04 Lib 22	09 Cap 48	12 Ari 23	14 Can 00
19	10 Ari 02	11 Can 44	07 Lib 23	12 Cap 56	15 Ari 24	16 Can 55
20	13 Ari 03	14 Can 39	10 Lib 24	16 Cap 03	18 Ari 25	19 Can 51
21	16 Ari 04	17 Can 34	13 Lib 25	19 Cap 10	21 Ari 25	22 Can 46
22	19 Ari 05	20 Can 30	16 Lib 26	22 Cap 17	24 Ari 25	25 Can 41
23	22 Ari 05	23 Can 25	19 Lib 28	25 Cap 25	27 Ari 25	28 Can 37
24	25 Ari 05	26 Can 20	22 Lib 30	28 Cap 32	00 Tau 24	01 Leo 32
25	28 Ari 05	29 Can 16	25 Lib 33	01 Aqu 39	03 Tau 24	04 Leo 28
26	01 Tau 04	02 Leo 12	28 Lib 36	04 Aqu 46	06 Tau 22	07 Leo 24
27	04 Tau 04	05 Leo 07	01 Sco 39	07 Aqu 53	09 Tau 21	10 Leo 20
28	07 Tau 02	08 Leo 03	04 Sco 42	10 Aqu 59	12 Tau 19	13 Leo 16
29	10 Tau 01	10 Leo 59	07 Sco 46	14 Aqu 06	15 Tau 17	16 Leo 12
30	12 Tau 59		10 Sco 50	17 Aqu 12	18 Tau 15	19 Leo 08
31	15 Tau 57		13 Sco 54		21 Tau 13	

2044 (Midnight GMT)

Day	July	August	September	October	November	December
01	22 Leo 05	25 Sco 33	01 Psc 59	02 Gem 21	03 Vir 13	04 Sag 09
02	25 Leo 01	28 Sco 39	05 Psc 04	05 Gem 18	06 Vir 11	07 Sag 15
03	27 Leo 58	01 Sag 44	08 Psc 09	08 Gem 14	09 Vir 09	10 Sag 21
04	00 Vir 56	04 Sag 50	11 Psc 14	11 Gem 10	12 Vir 07	13 Sag 28
05	03 Vir 53	07 Sag 57	14 Psc 18	14 Gem 06	15 Vir 05	16 Sag 35
06	06 Vir 51	11 Sag 03	17 Psc 22	17 Gem 02	18 Vir 04	19 Sag 41
07	09 Vir 48	14 Sag 10	20 Psc 25	19 Gem 58	21 Vir 03	22 Sag 48
08	12 Vir 47	17 Sag 16	23 Psc 29	22 Gem 54	24 Vir 02	25 Sag 55
09	15 Vir 45	20 Sag 23	26 Psc 32	25 Gem 49	27 Vir 02	29 Sag 03
10	18 Vir 44	23 Sag 30	29 Psc 35	28 Gem 45	00 Lib 01	02 Cap 10
11	21 Vir 43	26 Sag 37	02 Ari 37	01 Can 40	03 Lib 02	05 Cap 17
12	24 Vir 42	29 Sag 44	05 Ari 39	04 Can 35	06 Lib 02	08 Cap 24
13	27 Vir 42	02 Cap 52	08 Ari 41	07 Can 30	09 Lib 03	11 Cap 32
14	00 Lib 42	05 Cap 59	11 Ari 42	10 Can 26	12 Lib 04	14 Cap 39
15	03 Lib 42	09 Cap 06	14 Ari 43	13 Can 21	15 Lib 05	17 Cap 47
16	06 Lib 42	12 Cap 14	17 Ari 44	16 Can 16	18 Lib 07	20 Cap 54
17	09 Lib 43	15 Cap 21	20 Ari 45	19 Can 11	21 Lib 09	24 Cap 01
18	12 Lib 44	18 Cap 28	23 Ari 45	22 Can 07	24 Lib 11	27 Cap 08
19	15 Lib 46	21 Cap 36	26 Ari 45	25 Can 02	27 Lib 14	00 Aqu 15
20	18 Lib 48	24 Cap 43	29 Ari 44	27 Can 58	00 Sco 17	03 Aqu 22
21	21 Lib 50	27 Cap 50	02 Tau 44	00 Leo 53	03 Sco 20	06 Aqu 29
22	24 Lib 52	00 Aqu 57	05 Tau 43	03 Leo 49	06 Sco 24	09 Aqu 36
23	27 Lib 55	04 Aqu 04	08 Tau 41	06 Leo 44	09 Sco 28	12 Aqu 43
24	00 Sco 58	07 Aqu 11	11 Tau 40	09 Leo 40	12 Sco 32	15 Aqu 49
25	04 Sco 01	10 Aqu 18	14 Tau 38	12 Leo 36	15 Sco 37	18 Aqu 55
26	07 Sco 05	13 Aqu 24	17 Tau 36	15 Leo 32	18 Sco 41	22 Aqu 01
27	10 Sco 09	16 Aqu 31	20 Tau 33	18 Leo 29	21 Sco 46	25 Aqu 07
28	13 Sco 13	19 Aqu 37	23 Tau 31	21 Leo 25	24 Sco 52	28 Aqu 13
29	16 Sco 18	22 Aqu 43	26 Tau 28	24 Leo 22	27 Sco 57	01 Psc 18
30	19 Sco 23	25 Aqu 49	29 Tau 25	27 Leo 19	01 Sag 03	04 Psc 23
31	22 Sco 28	28 Aqu 54		00 Vir 16		07 Psc 28

2045 (Midnight GMT)

Day	January	February	March	April	May	June
01	10 Psc 33	13 Gem 27	05 Vir 31	09 Sag 40	12 Psc 56	15 Gem 44
02	13 Psc 37	16 Gem 23	08 Vir 29	12 Sag 46	15 Psc 60	18 Gem 40
03	16 Psc 41	19 Gem 19	11 Vir 27	15 Sag 53	19 Psc 04	21 Gem 35
04	19 Psc 45	22 Gem 14	14 Vir 25	18 Sag 60	22 Psc 07	24 Gem 31
05	22 Psc 48	25 Gem 10	17 Vir 24	22 Sag 07	25 Psc 10	27 Gem 26
06	25 Psc 51	28 Gem 05	20 Vir 23	25 Sag 14	28 Psc 13	00 Can 22
07	28 Psc 54	01 Can 01	23 Vir 22	28 Sag 21	01 Ari 16	03 Can 17
08	01 Ari 56	03 Can 56	26 Vir 21	01 Cap 28	04 Ari 18	06 Can 12
09	04 Ari 58	06 Can 51	29 Vir 21	04 Cap 35	07 Ari 20	09 Can 07
10	08 Ari 00	09 Can 47	02 Lib 21	07 Cap 43	10 Ari 21	12 Can 03
11	11 Ari 02	12 Can 42	05 Lib 22	10 Cap 50	13 Ari 23	14 Can 58
12	14 Ari 03	15 Can 37	08 Lib 22	13 Cap 57	16 Ari 23	17 Can 53
13	17 Ari 04	18 Can 32	11 Lib 23	17 Cap 05	19 Ari 24	20 Can 48
14	20 Ari 04	21 Can 28	14 Lib 25	20 Cap 12	22 Ari 24	23 Can 44
15	23 Ari 05	24 Can 23	17 Lib 26	23 Cap 19	25 Ari 24	26 Can 39
16	26 Ari 05	27 Can 18	20 Lib 28	26 Cap 26	28 Ari 24	29 Can 35
17	29 Ari 04	00 Leo 14	23 Lib 31	29 Cap 34	01 Tau 24	02 Leo 30
18	02 Tau 04	03 Leo 09	26 Lib 33	02 Aqu 41	04 Tau 23	05 Leo 26
19	05 Tau 03	06 Leo 05	29 Lib 36	05 Aqu 48	07 Tau 21	08 Leo 22
20	08 Tau 01	09 Leo 01	02 Sco 39	08 Aqu 54	10 Tau 20	11 Leo 18
21	10 Tau 60	11 Leo 57	05 Sco 43	12 Aqu 01	13 Tau 18	14 Leo 14
22	13 Tau 58	14 Leo 53	08 Sco 47	15 Aqu 07	16 Tau 16	17 Leo 10
23	16 Tau 56	17 Leo 49	11 Sco 51	18 Aqu 14	19 Tau 14	20 Leo 06
24	19 Tau 54	20 Leo 46	14 Sco 55	21 Aqu 20	22 Tau 11	23 Leo 03
25	22 Tau 51	23 Leo 42	18 Sco 00	24 Aqu 26	25 Tau 09	25 Leo 60
26	25 Tau 48	26 Leo 39	21 Sco 05	27 Aqu 31	28 Tau 06	28 Leo 57
27	28 Tau 45	29 Leo 36	24 Sco 10	00 Psc 37	01 Gem 02	01 Vir 54
28	01 Gem 42	02 Vir 34	27 Sco 16	03 Psc 42	03 Gem 59	04 Vir 52
29	04 Gem 38		00 Sag 21	06 Psc 47	06 Gem 55	07 Vir 49
30	07 Gem 35		03 Sag 27	09 Psc 51	09 Gem 52	10 Vir 47
31	10 Gem 31		06 Sag 33		12 Gem 48	

2045 (Midnight GMT)

Day	July	August	September	October	November	December
01	13 Vir 45	18 Sag 18	24 Psc 29	23 Gem 52	25 Vir 01	26 Sag 57
02	16 Vir 44	21 Sag 25	27 Psc 32	26 Gem 47	28 Vir 01	00 Cap 04
03	19 Vir 43	24 Sag 32	00 Ari 35	29 Gem 42	01 Lib 01	03 Cap 12
04	22 Vir 42	27 Sag 39	03 Ari 37	02 Can 38	04 Lib 01	06 Cap 19
05	25 Vir 41	00 Cap 46	06 Ari 39	05 Can 33	07 Lib 02	09 Cap 26
06	28 Vir 41	03 Cap 53	09 Ari 41	08 Can 28	10 Lib 02	12 Cap 34
07	01 Lib 41	07 Cap 01	12 Ari 42	11 Can 24	13 Lib 04	15 Cap 41
08	04 Lib 41	10 Cap 08	15 Ari 43	14 Can 19	16 Lib 05	18 Cap 48
09	07 Lib 42	13 Cap 16	18 Ari 44	17 Can 14	19 Lib 07	21 Cap 56
10	10 Lib 43	16 Cap 23	21 Ari 44	20 Can 09	22 Lib 09	25 Cap 03
11	13 Lib 44	19 Cap 30	24 Ari 44	23 Can 05	25 Lib 12	28 Cap 10
12	16 Lib 46	22 Cap 37	27 Ari 44	26 Can 00	28 Lib 14	01 Aqu 17
13	19 Lib 48	25 Cap 45	00 Tau 43	28 Can 56	01 Sco 18	04 Aqu 24
14	22 Lib 50	28 Cap 52	03 Tau 43	01 Leo 51	04 Sco 21	07 Aqu 31
15	25 Lib 52	01 Aqu 59	06 Tau 42	04 Leo 47	07 Sco 25	10 Aqu 38
16	28 Lib 55	05 Aqu 06	09 Tau 40	07 Leo 42	10 Sco 29	13 Aqu 44
17	01 Sco 58	08 Aqu 13	12 Tau 38	10 Leo 38	13 Sco 33	16 Aqu 50
18	05 Sco 02	11 Aqu 19	15 Tau 36	13 Leo 34	16 Sco 38	19 Aqu 57
19	08 Sco 06	14 Aqu 26	18 Tau 34	16 Leo 31	19 Sco 42	23 Aqu 03
20	11 Sco 10	17 Aqu 32	21 Tau 32	19 Leo 27	22 Sco 47	26 Aqu 08
21	14 Sco 14	20 Aqu 38	24 Tau 29	22 Leo 24	25 Sco 53	29 Aqu 14
22	17 Sco 19	23 Aqu 44	27 Tau 26	25 Leo 20	28 Sco 58	02 Psc 19
23	20 Sco 24	26 Aqu 50	00 Gem 23	28 Leo 17	02 Sag 04	05 Psc 24
24	23 Sco 29	29 Aqu 55	03 Gem 20	01 Vir 14	05 Sag 10	08 Psc 29
25	26 Sco 34	03 Psc 00	06 Gem 16	04 Vir 12	08 Sag 16	11 Psc 33
26	29 Sco 40	06 Psc 05	09 Gem 12	07 Vir 10	11 Sag 23	14 Psc 38
27	02 Sag 46	09 Psc 10	12 Gem 08	10 Vir 07	14 Sag 29	17 Psc 41
28	05 Sag 52	12 Psc 15	15 Gem 04	13 Vir 06	17 Sag 36	20 Psc 45
29	08 Sag 58	15 Psc 19	18 Gem 00	16 Vir 04	20 Sag 43	23 Psc 48
30	12 Sag 05	18 Psc 23	20 Gem 56	19 Vir 03	23 Sag 50	26 Psc 51
31	15 Sag 11	21 Psc 26		22 Vir 02		29 Psc 54

2046 (Midnight GMT)

Day	January	February	March	April	May	June
01	02 Ari 56	04 Can 54	27 Vir 21	02 Cap 30	05 Ari 18	07 Can 10
02	05 Ari 58	07 Can 49	00 Lib 21	05 Cap 37	08 Ari 20	10 Can 05
03	09 Ari 00	10 Can 44	03 Lib 21	08 Cap 44	11 Ari 21	13 Can 01
04	12 Ari 02	13 Can 40	06 Lib 21	11 Cap 52	14 Ari 22	15 Can 56
05	15 Ari 03	16 Can 35	09 Lib 22	14 Cap 59	17 Ari 23	18 Can 51
06	18 Ari 03	19 Can 30	12 Lib 23	18 Cap 07	20 Ari 24	21 Can 46
07	21 Ari 04	22 Can 26	15 Lib 25	21 Cap 14	23 Ari 24	24 Can 42
08	24 Ari 04	25 Can 21	18 Lib 26	24 Cap 21	26 Ari 24	27 Can 37
09	27 Ari 04	28 Can 16	21 Lib 28	27 Cap 28	29 Ari 23	00 Leo 33
10	00 Tau 03	01 Leo 12	24 Lib 31	00 Aqu 35	02 Tau 23	03 Leo 28
11	03 Tau 03	04 Leo 07	27 Lib 34	03 Aqu 42	05 Tau 22	06 Leo 24
12	06 Tau 02	07 Leo 03	00 Sco 37	06 Aqu 49	08 Tau 20	09 Leo 20
13	09 Tau 00	09 Leo 59	03 Sco 40	09 Aqu 56	11 Tau 19	12 Leo 16
14	11 Tau 59	12 Leo 55	06 Sco 44	13 Aqu 03	14 Tau 17	15 Leo 12
15	14 Tau 57	15 Leo 51	09 Sco 48	16 Aqu 09	17 Tau 15	18 Leo 08
16	17 Tau 55	18 Leo 48	12 Sco 52	19 Aqu 15	20 Tau 13	21 Leo 05
17	20 Tau 52	21 Leo 44	15 Sco 56	22 Aqu 21	23 Tau 10	24 Leo 01
18	23 Tau 50	24 Leo 41	19 Sco 01	25 Aqu 27	26 Tau 07	26 Leo 58
19	26 Tau 47	27 Leo 38	22 Sco 06	28 Aqu 32	29 Tau 04	29 Leo 55
20	29 Tau 44	00 Vir 35	25 Sco 11	01 Psc 38	02 Gem 01	02 Vir 53
21	02 Gem 40	03 Vir 32	28 Sco 17	04 Psc 43	04 Gem 57	05 Vir 50
22	05 Gem 37	06 Vir 30	01 Sag 23	07 Psc 48	07 Gem 54	08 Vir 48
23	08 Gem 33	09 Vir 28	04 Sag 29	10 Psc 52	10 Gem 50	11 Vir 46
24	11 Gem 29	12 Vir 26	07 Sag 35	13 Psc 56	13 Gem 46	14 Vir 44
25	14 Gem 25	15 Vir 24	10 Sag 41	17 Psc 00	16 Gem 42	17 Vir 43
26	17 Gem 21	18 Vir 23	13 Sag 48	20 Psc 04	19 Gem 38	20 Vir 42
27	20 Gem 17	21 Vir 22	16 Sag 55	23 Psc 07	22 Gem 33	23 Vir 41
28	23 Gem 12	24 Vir 21	20 Sag 01	26 Psc 11	25 Gem 29	26 Vir 41
29	26 Gem 08		23 Sag 08	29 Psc 13	28 Gem 24	29 Vir 40
30	29 Gem 03		26 Sag 15	02 Ari 16	01 Can 19	02 Lib 41
31	01 Can 59		29 Sag 23		04 Can 15	

2046 (Midnight GMT)

Day	July	August	September	October	November	December
01	05 Lib 41	11 Cap 10	16 Ari 43	15 Can 17	17 Lib 05	19 Cap 50
02	08 Lib 42	14 Cap 17	19 Ari 43	18 Can 12	20 Lib 07	22 Cap 57
03	11 Lib 43	17 Cap 25	22 Ari 44	21 Can 07	23 Lib 09	26 Cap 05
04	14 Lib 44	20 Cap 32	25 Ari 44	24 Can 03	26 Lib 12	29 Cap 12
05	17 Lib 46	23 Cap 39	28 Ari 43	26 Can 58	29 Lib 15	02 Aqu 19
06	20 Lib 48	26 Cap 46	01 Tau 43	29 Can 53	02 Sco 18	05 Aqu 26
07	23 Lib 50	29 Cap 54	04 Tau 42	02 Leo 49	05 Sco 22	08 Aqu 33
08	26 Lib 53	03 Aqu 01	07 Tau 41	05 Leo 45	08 Sco 25	11 Aqu 39
09	29 Lib 56	06 Aqu 07	10 Tau 39	08 Leo 40	11 Sco 29	14 Aqu 46
10	02 Sco 59	09 Aqu 14	13 Tau 37	11 Leo 36	14 Sco 34	17 Aqu 52
11	06 Sco 03	12 Aqu 21	16 Tau 35	14 Leo 33	17 Sco 39	20 Aqu 58
12	09 Sco 06	15 Aqu 27	19 Tau 33	17 Leo 29	20 Sco 43	24 Aqu 04
13	12 Sco 11	18 Aqu 34	22 Tau 30	20 Leo 25	23 Sco 49	27 Aqu 10
14	15 Sco 15	21 Aqu 40	25 Tau 28	23 Leo 22	26 Sco 54	00 Psc 15
15	18 Sco 20	24 Aqu 45	28 Tau 25	26 Leo 19	29 Sco 60	03 Psc 20
16	21 Sco 25	27 Aqu 51	01 Gem 21	29 Leo 16	03 Sag 06	06 Psc 25
17	24 Sco 30	00 Psc 56	04 Gem 18	02 Vir 13	06 Sag 12	09 Psc 30
18	27 Sco 35	04 Psc 02	07 Gem 14	05 Vir 10	09 Sag 18	12 Psc 34
19	00 Sag 41	07 Psc 06	10 Gem 11	08 Vir 08	12 Sag 24	15 Psc 38
20	03 Sag 47	10 Psc 11	13 Gem 07	11 Vir 06	15 Sag 31	18 Psc 42
21	06 Sag 53	13 Psc 15	16 Gem 03	14 Vir 05	18 Sag 38	21 Psc 46
22	09 Sag 60	16 Psc 19	18 Gem 58	17 Vir 03	21 Sag 45	24 Psc 49
23	13 Sag 06	19 Psc 23	21 Gem 54	20 Vir 02	24 Sag 52	27 Psc 52
24	16 Sag 13	22 Psc 27	24 Gem 49	23 Vir 01	27 Sag 59	00 Ari 54
25	19 Sag 20	25 Psc 30	27 Gem 45	26 Vir 00	01 Cap 06	03 Ari 57
26	22 Sag 27	28 Psc 33	00 Can 40	29 Vir 00	04 Cap 13	06 Ari 59
27	25 Sag 34	01 Ari 35	03 Can 36	02 Lib 00	07 Cap 21	10 Ari 00
28	28 Sag 41	04 Ari 37	06 Can 31	05 Lib 01	10 Cap 28	13 Ari 01
29	01 Cap 48	07 Ari 39	09 Can 26	08 Lib 01	13 Cap 36	16 Ari 02
30	04 Cap 55	10 Ari 41	12 Can 21	11 Lib 02	16 Cap 43	19 Ari 03
31	08 Cap 03	13 Ari 42		14 Lib 04		22 Ari 03

2047 (Midnight GMT)

Day	January	February	March	April	May	June
01	25 Ari 03	26 Can 19	19 Lib 26	25 Cap 23	27 Ari 23	28 Can 35
02	28 Ari 03	29 Can 14	22 Lib 29	28 Cap 30	00 Tau 23	01 Leo 31
03	01 Tau 03	02 Leo 10	25 Lib 31	01 Aqu 37	03 Tau 22	04 Leo 26
04	04 Tau 02	05 Leo 05	28 Lib 34	04 Aqu 44	06 Tau 21	07 Leo 22
05	07 Tau 01	08 Leo 01	01 Sco 37	07 Aqu 51	09 Tau 19	10 Leo 18
06	09 Tau 59	10 Leo 57	04 Sco 41	10 Aqu 58	12 Tau 18	13 Leo 14
07	12 Tau 57	13 Leo 53	07 Sco 44	14 Aqu 04	15 Tau 16	16 Leo 10
08	15 Tau 55	16 Leo 49	10 Sco 48	17 Aqu 10	18 Tau 14	19 Leo 06
09	18 Tau 53	19 Leo 46	13 Sco 53	20 Aqu 17	21 Tau 11	22 Leo 03
10	21 Tau 51	22 Leo 42	16 Sco 57	23 Aqu 22	24 Tau 08	24 Leo 60
11	24 Tau 48	25 Leo 39	20 Sco 02	26 Aqu 28	27 Tau 06	27 Leo 57
12	27 Tau 45	28 Leo 36	23 Sco 07	29 Aqu 34	00 Gem 02	00 Vir 54
13	00 Gem 42	01 Vir 33	26 Sco 13	02 Psc 39	02 Gem 59	03 Vir 51
14	03 Gem 39	04 Vir 31	29 Sco 18	05 Psc 44	05 Gem 56	06 Vir 49
15	06 Gem 35	07 Vir 29	02 Sag 24	08 Psc 49	08 Gem 52	09 Vir 47
16	09 Gem 31	10 Vir 26	05 Sag 30	11 Psc 53	11 Gem 48	12 Vir 45
17	12 Gem 27	13 Vir 25	08 Sag 36	14 Psc 57	14 Gem 44	15 Vir 43
18	15 Gem 23	16 Vir 23	11 Sag 43	18 Psc 01	17 Gem 40	18 Vir 42
19	18 Gem 19	19 Vir 22	14 Sag 49	21 Psc 05	20 Gem 35	21 Vir 41
20	21 Gem 15	22 Vir 21	17 Sag 56	24 Psc 08	23 Gem 31	24 Vir 40
21	24 Gem 10	25 Vir 20	21 Sag 03	27 Psc 11	26 Gem 27	27 Vir 40
22	27 Gem 06	28 Vir 20	24 Sag 10	00 Ari 14	29 Gem 22	00 Lib 40
23	00 Can 01	01 Lib 20	27 Sag 17	03 Ari 16	02 Can 17	03 Lib 40
24	02 Can 57	04 Lib 20	00 Cap 24	06 Ari 18	05 Can 13	06 Lib 41
25	05 Can 52	07 Lib 21	03 Cap 32	09 Ari 20	08 Can 08	09 Lib 41
26	08 Can 47	10 Lib 22	06 Cap 39	12 Ari 21	11 Can 03	12 Lib 43
27	11 Can 42	13 Lib 23	09 Cap 46	15 Ari 22	13 Can 58	15 Lib 44
28	14 Can 38	16 Lib 25	12 Cap 54	18 Ari 23	16 Can 54	18 Lib 46
29	17 Can 33		16 Cap 01	21 Ari 23	19 Can 49	21 Lib 48
30	20 Can 28		19 Cap 08	24 Ari 23	22 Can 44	24 Lib 50
31	23 Can 23		22 Cap 16		25 Can 40	

2047 (Midnight GMT)

Day	July	August	September	October	November	December
01	27 Lib 53	04 Aqu 02	08 Tau 39	06 Leo 43	09 Sco 26	12 Aqu 41
02	00 Sco 56	07 Aqu 09	11 Tau 38	09 Leo 39	12 Sco 30	15 Aqu 47
03	03 Sco 60	10 Aqu 16	14 Tau 36	12 Leo 35	15 Sco 35	18 Aqu 53
04	07 Sco 03	13 Aqu 22	17 Tau 34	15 Leo 31	18 Sco 40	21 Aqu 59
05	10 Sco 07	16 Aqu 29	20 Tau 31	18 Leo 27	21 Sco 45	25 Aqu 05
06	13 Sco 11	19 Aqu 35	23 Tau 29	21 Leo 23	24 Sco 50	28 Aqu 11
07	16 Sco 16	22 Aqu 41	26 Tau 26	24 Leo 20	27 Sco 55	01 Psc 16
08	19 Sco 21	25 Aqu 47	29 Tau 23	27 Leo 17	01 Sag 01	04 Psc 21
09	22 Sco 26	28 Aqu 52	02 Gem 20	00 Vir 14	04 Sag 07	07 Psc 26
10	25 Sco 31	01 Psc 58	05 Gem 16	03 Vir 12	07 Sag 13	10 Psc 31
11	28 Sco 37	05 Psc 03	08 Gem 13	06 Vir 09	10 Sag 20	13 Psc 35
12	01 Sag 43	08 Psc 07	11 Gem 09	09 Vir 07	13 Sag 26	16 Psc 39
13	04 Sag 49	11 Psc 12	14 Gem 05	12 Vir 05	16 Sag 33	19 Psc 43
14	07 Sag 55	14 Psc 16	17 Gem 01	15 Vir 03	19 Sag 40	22 Psc 46
15	11 Sag 01	17 Psc 20	19 Gem 56	18 Vir 02	22 Sag 47	25 Psc 49
16	14 Sag 08	20 Psc 24	22 Gem 52	21 Vir 01	25 Sag 54	28 Psc 52
17	17 Sag 14	23 Psc 27	25 Gem 47	24 Vir 00	29 Sag 01	01 Ari 55
18	20 Sag 21	26 Psc 30	28 Gem 43	26 Vir 60	02 Cap 08	04 Ari 57
19	23 Sag 28	29 Psc 33	01 Can 38	29 Vir 60	05 Cap 15	07 Ari 58
20	26 Sag 35	02 Ari 35	04 Can 34	02 Lib 60	08 Cap 23	11 Ari 00
21	29 Sag 43	05 Ari 37	07 Can 29	06 Lib 00	11 Cap 30	14 Ari 01
22	02 Cap 50	08 Ari 39	10 Can 24	09 Lib 01	14 Cap 37	17 Ari 02
23	05 Cap 57	11 Ari 41	13 Can 19	12 Lib 02	17 Cap 45	20 Ari 03
24	09 Cap 04	14 Ari 42	16 Can 15	15 Lib 03	20 Cap 52	23 Ari 03
25	12 Cap 12	17 Ari 42	19 Can 10	18 Lib 05	23 Cap 59	26 Ari 03
26	15 Cap 19	20 Ari 43	22 Can 05	21 Lib 07	27 Cap 06	29 Ari 02
27	18 Cap 27	23 Ari 43	25 Can 00	24 Lib 10	00 Aqu 14	02 Tau 02
28	21 Cap 34	26 Ari 43	27 Can 56	27 Lib 12	03 Aqu 21	05 Tau 01
29	24 Cap 41	29 Ari 43	00 Leo 51	00 Sco 15	06 Aqu 27	07 Tau 60
30	27 Cap 48	02 Tau 42	03 Leo 47	03 Sco 19	09 Aqu 34	10 Tau 58
31	00 Aqu 55	05 Tau 41		06 Sco 22		13 Tau 56

2048 (Midnight GMT)

Day	January	February	March	April	May	June
01	16 Tau 54	17 Leo 48	14 Sco 54	21 Aqu 18	22 Tau 10	23 Leo 01
02	19 Tau 52	20 Leo 44	17 Sco 58	24 Aqu 24	25 Tau 07	25 Leo 58
03	22 Tau 49	23 Leo 41	21 Sco 03	27 Aqu 29	28 Tau 04	28 Leo 55
04	25 Tau 46	26 Leo 38	24 Sco 08	00 Psc 35	01 Gem 01	01 Vir 52
05	28 Tau 43	29 Leo 35	27 Sco 14	03 Psc 40	03 Gem 57	04 Vir 50
06	01 Gem 40	02 Vir 32	00 Sag 20	06 Psc 45	06 Gem 54	07 Vir 48
07	04 Gem 37	05 Vir 29	03 Sag 25	09 Psc 50	09 Gem 50	10 Vir 45
08	07 Gem 33	08 Vir 27	06 Sag 32	12 Psc 54	12 Gem 46	13 Vir 44
09	10 Gem 29	11 Vir 25	09 Sag 38	15 Psc 58	15 Gem 42	16 Vir 42
10	13 Gem 25	14 Vir 24	12 Sag 44	19 Psc 02	18 Gem 38	19 Vir 41
11	16 Gem 21	17 Vir 22	15 Sag 51	22 Psc 05	21 Gem 33	22 Vir 40
12	19 Gem 17	20 Vir 21	18 Sag 58	25 Psc 08	24 Gem 29	25 Vir 40
13	22 Gem 13	23 Vir 20	22 Sag 05	28 Psc 11	27 Gem 25	28 Vir 39
14	25 Gem 08	26 Vir 20	25 Sag 12	01 Ari 14	00 Can 20	01 Lib 39
15	28 Gem 04	29 Vir 19	28 Sag 19	04 Ari 16	03 Can 15	04 Lib 40
16	00 Can 59	02 Lib 20	01 Cap 26	07 Ari 18	06 Can 11	07 Lib 40
17	03 Can 54	05 Lib 20	04 Cap 33	10 Ari 20	09 Can 06	10 Lib 41
18	06 Can 50	08 Lib 21	07 Cap 41	13 Ari 21	12 Can 01	13 Lib 42
19	09 Can 45	11 Lib 22	10 Cap 48	16 Ari 22	14 Can 56	16 Lib 44
20	12 Can 40	14 Lib 23	13 Cap 56	19 Ari 22	17 Can 52	19 Lib 46
21	15 Can 35	17 Lib 25	17 Cap 03	22 Ari 23	20 Can 47	22 Lib 48
22	18 Can 31	20 Lib 27	20 Cap 10	25 Ari 23	23 Can 42	25 Lib 51
23	21 Can 26	23 Lib 29	23 Cap 17	28 Ari 22	26 Can 38	28 Lib 54
24	24 Can 21	26 Lib 31	26 Cap 25	01 Tau 22	29 Can 33	01 Sco 57
25	27 Can 17	29 Lib 34	29 Cap 32	04 Tau 21	02 Leo 29	05 Sco 00
26	00 Leo 12	02 Sco 38	02 Aqu 39	07 Tau 20	05 Leo 24	08 Sco 04
27	03 Leo 08	05 Sco 41	05 Aqu 46	10 Tau 18	08 Leo 20	11 Sco 08
28	06 Leo 03	08 Sco 45	08 Aqu 53	13 Tau 16	11 Leo 16	14 Sco 12
29	08 Leo 59	11 Sco 49	11 Aqu 59	16 Tau 14	14 Leo 12	17 Sco 17
30	11 Leo 55		15 Aqu 06	19 Tau 12	17 Leo 08	20 Sco 22
31	14 Leo 51		18 Aqu 12		20 Leo 05	

2048 (Midnight GMT)

Day	July	August	September	October	November	December
01	23 Sco 27	29 Aqu 53	03 Gem 18	01 Vir 13	05 Sag 08	08 Psc 27
02	26 Sco 32	02 Psc 59	06 Gem 14	04 Vir 10	08 Sag 15	11 Psc 32
03	29 Sco 38	06 Psc 04	09 Gem 11	07 Vir 08	11 Sag 21	14 Psc 36
04	02 Sag 44	09 Psc 08	12 Gem 07	10 Vir 06	14 Sag 28	17 Psc 40
05	05 Sag 50	12 Psc 13	15 Gem 03	13 Vir 04	17 Sag 34	20 Psc 43
06	08 Sag 56	15 Psc 17	17 Gem 59	16 Vir 02	20 Sag 41	23 Psc 47
07	12 Sag 03	18 Psc 21	20 Gem 54	19 Vir 01	23 Sag 48	26 Psc 50
08	15 Sag 09	21 Psc 24	23 Gem 50	22 Vir 00	26 Sag 55	29 Psc 52
09	18 Sag 16	24 Psc 28	26 Gem 45	24 Vir 59	00 Cap 03	02 Ari 55
10	21 Sag 23	27 Psc 30	29 Gem 41	27 Vir 59	03 Cap 10	05 Ari 57
11	24 Sag 30	00 Ari 33	02 Can 36	00 Lib 59	06 Cap 17	08 Ari 58
12	27 Sag 37	03 Ari 35	05 Can 31	03 Lib 59	09 Cap 24	11 Ari 60
13	00 Cap 44	06 Ari 37	08 Can 27	06 Lib 60	12 Cap 32	15 Ari 01
14	03 Cap 52	09 Ari 39	11 Can 22	10 Lib 01	15 Cap 39	18 Ari 02
15	06 Cap 59	12 Ari 40	14 Can 17	13 Lib 02	18 Cap 47	21 Ari 02
16	10 Cap 06	15 Ari 41	17 Can 12	16 Lib 03	21 Cap 54	24 Ari 02
17	13 Cap 14	18 Ari 42	20 Can 08	19 Lib 05	25 Cap 01	27 Ari 02
18	16 Cap 21	21 Ari 42	23 Can 03	22 Lib 07	28 Cap 08	00 Tau 02
19	19 Cap 28	24 Ari 43	25 Can 58	25 Lib 10	01 Aqu 15	03 Tau 01
20	22 Cap 36	27 Ari 42	28 Can 54	28 Lib 13	04 Aqu 22	05 Tau 60
21	25 Cap 43	00 Tau 42	01 Leo 49	01 Sco 16	07 Aqu 29	08 Tau 59
22	28 Cap 50	03 Tau 41	04 Leo 45	04 Sco 19	10 Aqu 36	11 Tau 57
23	01 Aqu 57	06 Tau 40	07 Leo 41	07 Sco 23	13 Aqu 42	14 Tau 55
24	05 Aqu 04	09 Tau 38	10 Leo 37	10 Sco 27	16 Aqu 49	17 Tau 53
25	08 Aqu 11	12 Tau 37	13 Leo 33	13 Sco 31	19 Aqu 55	20 Tau 50
26	11 Aqu 17	15 Tau 35	16 Leo 29	16 Sco 36	23 Aqu 01	23 Tau 48
27	14 Aqu 24	18 Tau 33	19 Leo 25	19 Sco 41	26 Aqu 07	26 Tau 45
28	17 Aqu 30	21 Tau 30	22 Leo 22	22 Sco 46	29 Aqu 12	29 Tau 42
29	20 Aqu 36	24 Tau 27	25 Leo 19	25 Sco 51	02 Psc 17	02 Gem 39
30	23 Aqu 42	27 Tau 24	28 Leo 16	28 Sco 57	05 Psc 22	05 Gem 35
31	26 Aqu 48	00 Gem 21		02 Sag 02		08 Gem 31

2049 (Midnight GMT)

Day	January	February	March	April	May	June
01	11 Gem 27	12 Vir 24	07 Sag 33	13 Psc 55	13 Gem 44	14 Vir 43
02	14 Gem 23	15 Vir 23	10 Sag 39	16 Psc 59	16 Gem 40	17 Vir 41
03	17 Gem 19	18 Vir 21	13 Sag 46	20 Psc 02	19 Gem 36	20 Vir 40
04	20 Gem 15	21 Vir 20	16 Sag 53	23 Psc 06	22 Gem 31	23 Vir 39
05	23 Gem 11	24 Vir 19	19 Sag 60	26 Psc 09	25 Gem 27	26 Vir 39
06	26 Gem 06	27 Vir 19	23 Sag 07	29 Psc 12	28 Gem 22	29 Vir 39
07	29 Gem 02	00 Lib 19	26 Sag 14	02 Ari 14	01 Can 18	02 Lib 39
08	01 Can 57	03 Lib 19	29 Sag 21	05 Ari 16	04 Can 13	05 Lib 39
09	04 Can 52	06 Lib 19	02 Cap 28	08 Ari 18	07 Can 08	08 Lib 40
10	07 Can 48	09 Lib 20	05 Cap 35	11 Ari 19	10 Can 04	11 Lib 41
11	10 Can 43	12 Lib 21	08 Cap 43	14 Ari 21	12 Can 59	14 Lib 42
12	13 Can 38	15 Lib 23	11 Cap 50	17 Ari 21	15 Can 54	17 Lib 44
13	16 Can 33	18 Lib 25	14 Cap 57	20 Ari 22	18 Can 49	20 Lib 46
14	19 Can 28	21 Lib 27	18 Cap 05	23 Ari 22	21 Can 45	23 Lib 48
15	22 Can 24	24 Lib 29	21 Cap 12	26 Ari 22	24 Can 40	26 Lib 51
16	25 Can 19	27 Lib 32	24 Cap 19	29 Ari 22	27 Can 35	29 Lib 54
17	28 Can 15	00 Sco 35	27 Cap 26	02 Tau 21	00 Leo 31	02 Sco 57
18	01 Leo 10	03 Sco 38	00 Aqu 34	05 Tau 20	03 Leo 27	06 Sco 01
19	04 Leo 06	06 Sco 42	03 Aqu 41	08 Tau 19	06 Leo 22	09 Sco 05
20	07 Leo 01	09 Sco 46	06 Aqu 47	11 Tau 17	09 Leo 18	12 Sco 09
21	09 Leo 57	12 Sco 50	09 Aqu 54	14 Tau 15	12 Leo 14	15 Sco 13
22	12 Leo 53	15 Sco 54	13 Aqu 01	17 Tau 13	15 Leo 10	18 Sco 18
23	15 Leo 50	18 Sco 59	16 Aqu 07	20 Tau 11	18 Leo 06	21 Sco 23
24	18 Leo 46	22 Sco 04	19 Aqu 13	23 Tau 08	21 Leo 03	24 Sco 28
25	21 Leo 42	25 Sco 10	22 Aqu 19	26 Tau 05	23 Leo 60	27 Sco 34
26	24 Leo 39	28 Sco 15	25 Aqu 25	29 Tau 02	26 Leo 56	00 Sag 39
27	27 Leo 36	01 Sag 21	28 Aqu 31	01 Gem 59	29 Leo 54	03 Sag 45
28	00 Vir 33	04 Sag 27	01 Psc 36	04 Gem 56	02 Vir 51	06 Sag 51
29	03 Vir 30		04 Psc 41	07 Gem 52	05 Vir 48	09 Sag 58
30	06 Vir 28		07 Psc 46	10 Gem 48	08 Vir 46	13 Sag 04
31	09 Vir 26		10 Psc 50		11 Vir 44	

2049 (Midnight GMT)

Day	July	August	September	October	November	December
01	16 Sag 11	22 Psc 25	24 Gem 48	22 Vir 59	27 Sag 57	00 Ari 53
02	19 Sag 18	25 Psc 28	27 Gem 43	25 Vir 59	01 Cap 04	03 Ari 55
03	22 Sag 25	28 Psc 31	00 Can 39	28 Vir 58	04 Cap 12	06 Ari 57
04	25 Sag 32	01 Ari 33	03 Can 34	01 Lib 59	07 Cap 19	09 Ari 58
05	28 Sag 39	04 Ari 35	06 Can 29	04 Lib 59	10 Cap 26	12 Ari 60
06	01 Cap 46	07 Ari 37	09 Can 24	07 Lib 60	13 Cap 34	16 Ari 01
07	04 Cap 53	10 Ari 39	12 Can 20	11 Lib 00	16 Cap 41	19 Ari 01
08	08 Cap 01	13 Ari 40	15 Can 15	14 Lib 02	19 Cap 48	22 Ari 02
09	11 Cap 08	16 Ari 41	18 Can 10	17 Lib 03	22 Cap 56	25 Ari 02
10	14 Cap 16	19 Ari 42	21 Can 06	20 Lib 05	26 Cap 03	28 Ari 01
11	17 Cap 23	22 Ari 42	24 Can 01	23 Lib 08	29 Cap 10	01 Tau 01
12	20 Cap 30	25 Ari 42	26 Can 56	26 Lib 10	02 Aqu 17	04 Tau 00
13	23 Cap 37	28 Ari 42	29 Can 52	29 Lib 13	05 Aqu 24	06 Tau 59
14	26 Cap 45	01 Tau 41	02 Leo 47	02 Sco 16	08 Aqu 31	09 Tau 57
15	29 Cap 52	04 Tau 40	05 Leo 43	05 Sco 20	11 Aqu 37	12 Tau 56
16	02 Aqu 59	07 Tau 39	08 Leo 39	08 Sco 24	14 Aqu 44	15 Tau 54
17	06 Aqu 06	10 Tau 37	11 Leo 35	11 Sco 28	17 Aqu 50	18 Tau 51
18	09 Aqu 12	13 Tau 35	14 Leo 31	14 Sco 32	20 Aqu 56	21 Tau 49
19	12 Aqu 19	16 Tau 33	17 Leo 27	17 Sco 37	24 Aqu 02	24 Tau 46
20	15 Aqu 25	19 Tau 31	20 Leo 23	20 Sco 42	27 Aqu 08	27 Tau 43
21	18 Aqu 32	22 Tau 29	23 Leo 20	23 Sco 47	00 Psc 13	00 Gem 40
22	21 Aqu 38	25 Tau 26	26 Leo 17	26 Sco 52	03 Psc 18	03 Gem 37
23	24 Aqu 44	28 Tau 23	29 Leo 14	29 Sco 58	06 Psc 23	06 Gem 33
24	27 Aqu 49	01 Gem 20	02 Vir 11	03 Sag 04	09 Psc 28	09 Gem 29
25	00 Psc 55	04 Gem 16	05 Vir 09	06 Sag 10	12 Psc 32	12 Gem 26
26	03 Psc 60	07 Gem 13	08 Vir 07	09 Sag 16	15 Psc 37	15 Gem 22
27	07 Psc 05	10 Gem 09	11 Vir 05	12 Sag 23	18 Psc 40	18 Gem 17
28	10 Psc 09	13 Gem 05	14 Vir 03	15 Sag 29	21 Psc 44	21 Gem 13
29	13 Psc 14	16 Gem 01	17 Vir 01	18 Sag 36	24 Psc 47	24 Gem 09
30	16 Psc 18	18 Gem 57	20 Vir 00	21 Sag 43	27 Psc 50	27 Gem 04
31	19 Psc 21	21 Gem 52		24 Sag 50		29 Gem 59

www.ingramcontent.com/pod-product-compliance
Lightning Source LLC
Chambersburg PA
CBHW082235170426